コウイカ（35 ページ）

細胞模型（39 ページ）

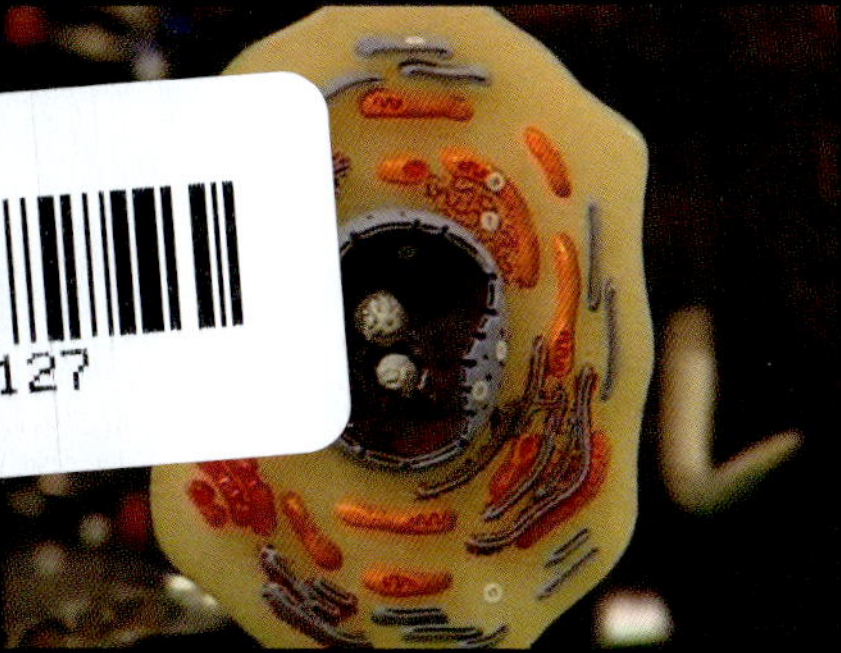

生命の樹（48 ページ）

コイントス実験
（55 ページ）

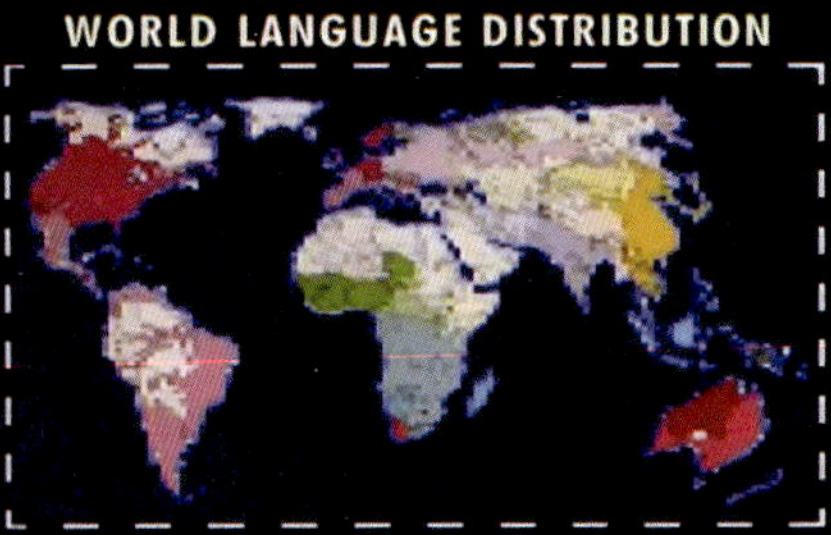

世界言語地図
（52 ページ）

ウツボカズラ
（66 ページ）

シロアリの巨大な巣
（70 ページ）

リーフィーシードラゴン
（71 ページ）

コノハチョウ
（72 ページ）

ナナフシ（101 ページ）

トゲにそっくりなツノゼミ
（103ページ）

不可能な山（110ページ）

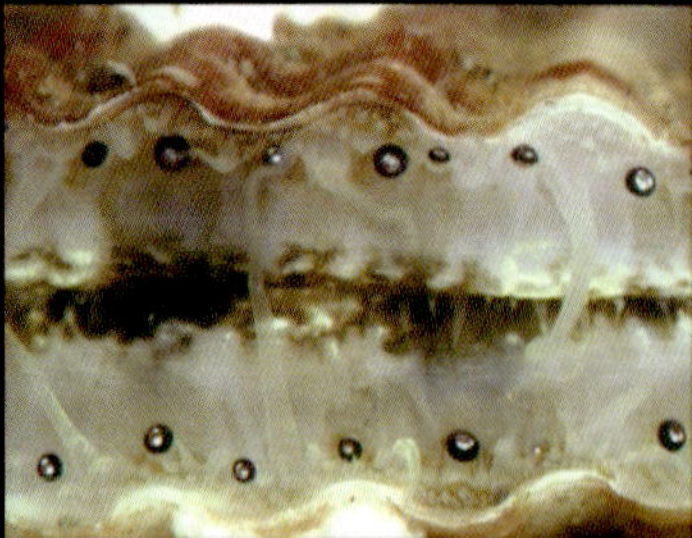

ホタテガイの眼（125ページ）

眼の進化実験（114ページ）

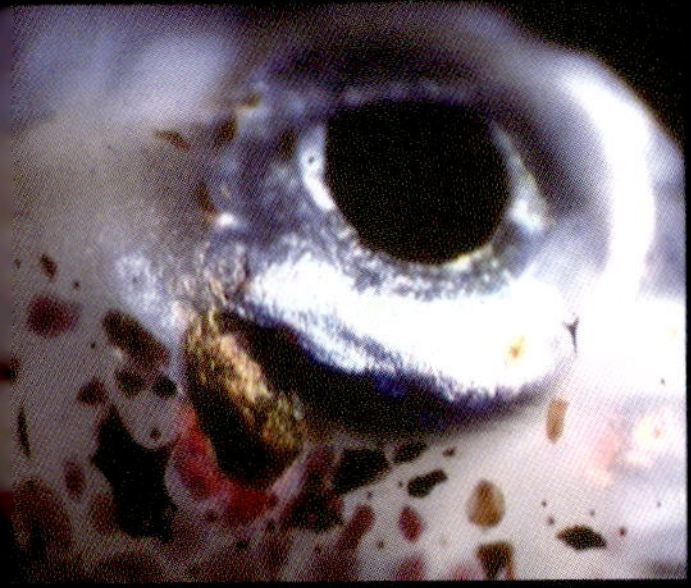
イカの眼（126ページ）

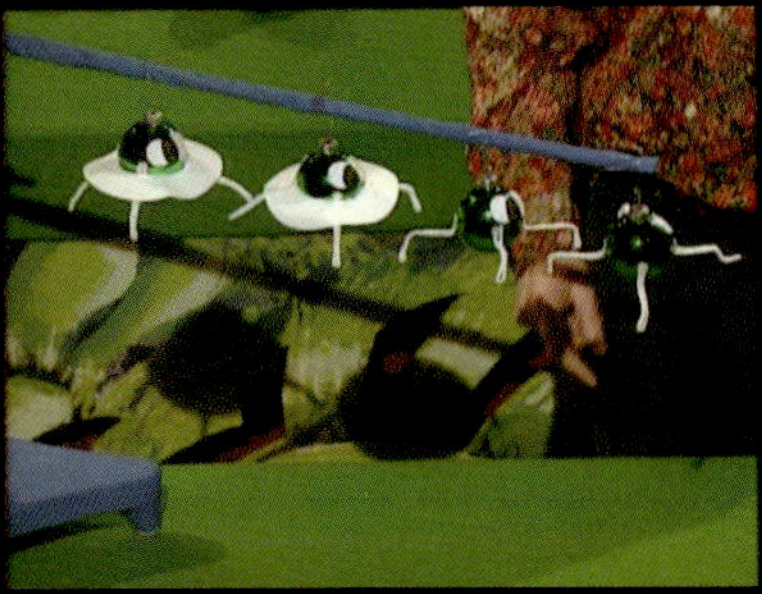
おもちゃの飛行生物
（129ページ）

森の地面（135 ページ）

黄色いチョウ
（136 ページ）

ハンマーヘッド・オーキッド
（149 ページ）

バケツラン
（150 ページ）

ダグラス・アダムス
（166 ページの別ショット）

ミツアリ
（173 ページ）

ジガバチ
（180 ページ）

ティンバーゲンの実験（181 ページ）

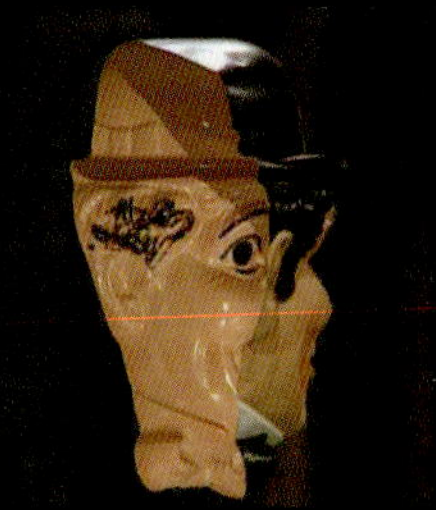

チャップリンのマスク
（188 ページ）

「不可能な三角形」のトリック（189ページ）

ハヤカワ文庫 NF
〈NF482〉

進化とは何か

ドーキンス博士の特別講義

リチャード・ドーキンス
吉成真由美編・訳

早川書房
7901

GROWING UP IN THE UNIVERSE

by

Richard Dawkins

Edited and translated by
Mayumi Yoshinari
Published 2016 in Japan by
HAYAKAWA PUBLISHING, INC.
This book is published in Japan by
arrangement with
THE RICHARD DAWKINS FOUNDATION
FOR REASON AND SCIENCE (U.S.)
c/o BROCKMAN, INC.

The proceeds derived from sales of this work will be donated to
THE RICHARD DAWKINS FOUNDATION
FOR REASON AND SCIENCE (U.S.)
A NON-PROFIT CHARITY.

本文イラストレーション／いずもり・よう

「私たちがこの世に存在するということ自体、どんなに素晴らしいことなのか、しばし考えてみよう。このとおり、生まれ、育ち、そして生きている。それでも私たちは、これらすべてを当たり前のこととして、ほとんど何の驚きも持たずに見すごしているのだ」

（マイケル・ファラデー）

※本文中に収録した画像のわきに付した番号に★印のあるものは、巻頭にカラー写真として収録してあります。ただし☆印の画像4-21（166頁）のみ別ショットを掲載しています。

※本書に収めた図版は、以下に示すもの以外は、1991年に著者が行なったGROWING UP IN THE UNIVERSEと題する講演の映像から採りました。

まえがき

英国王立研究所（The Royal Institution of Great Britain）は一七九九年に設立され、一八〇〇年に現在の中央ロンドンにある威厳ある建物が建てられました。大学ではありませんが独立した科学組織で、爾来《じらい》公共教育への多大な貢献をし、きわめて優れた科学研究を行なってきました。これまで少なくとものべ一五名以上のノーベル賞受賞者が、そこで教授として在籍していたことがあります。化学元素のうち一〇個は王立研究所で初めて発見され、そのうち八元素はハンフリー・デイビー（一七七八－一八二九）によってなされました。デイビーにもまして有名なのは、彼の弟子で、電気化学および電磁気学の偉大な実験科学者であるマイケル・ファラデー（一七九一－一八六七）です。

一八二五年に、ファラデーは子供たちのためのクリスマス・レクチャーという伝統を始め、戦時中を除いて、これは毎年続けられてきました。毎年一人の科学者が講師として呼ばれ、実演《デモ》をふんだんに取り入れた一連のレクチャーを行なう。そして聴衆である子供たちはしばしばステージ上に呼ばれ、実験に参加する。ファラデー自身は一九回レクチャーを行なっていて、そのうち最も有名なのが、一八六〇年に行なわれた「ろうそくの化学史」という題の最後のレクチャーでした。一九六六年からは、大抵の場合BBCを通じて、レクチャーがテレビで公開されるようにもなった。テレビ時代になってからはデイビッド・アッテンボローやカール・セーガンなど、多くの偉大な科学者たちがレクチャーを行なっています。

一九九一年、私もクリスマス・レクチャーに講師として呼ばれました。その際「宇宙で成長する」という題にしました。「成長する」というのは三つの意味を込めて使っています。われわれ自身が一生の中で成長していくという意味と、生命が進化という過程を経て成長していくということ、そして人間がそれ（進化や宇宙）に対する理解を深めていくという意味です。私の五回のレクチャーの題は以下のとおりです。

1. 宇宙で目を覚ます
2. デザインされた物と「デザイノイド」物体
3. 「不可能な山」に登る（のちに同じ題で本を出しました）
4. 紫外線の庭
5. 「目的」の創造

私がレクチャーする二年前から、すばらしい伝統が始まっていました。クリスマス・レクチャーをその翌年夏に日本に持っていくというものです。この機会を与えられた際、もちろん快諾しました。ただ五回分のレクチャーを三回に短縮しなければならなかった。これら三回のレクチャーを東京と仙台でそれぞれ行ないました。同伴した妻のララがレクチャーを短縮するのを手伝ってくれました。王立研究所の優秀な技士であるブライソン・ゴアは、ロンドンの公開実験で使った道具一式の入った大きな運送箱と一緒に、事前に飛んでくれました。王立研究所の伝統である、実演をふんだんに取り入れた公開実験を行なうためです。東京のブリティッシュ・カウンシルの協力で、日本でも追加の小道具を調達しました。

これらの実演の一つが、タンクいっぱいのカマキリを上からビデオカメラがとらえて私の頭上にある巨大スクリーンに映し出すというものでした。仙台でのことです。私がカマキリの話を終え、次の話題に移った際、頭上スクリーンにまだ彼らが映っているのを消し忘れていました。しばらくして、妙なことに聴衆がまったく私の話を聞いていない雰囲気が伝わってきたのです。もちろん彼らは同時通訳を介して聞いているので、ズレが生ずるのは仕方がないとしても、まったくこちらが期待したような反応が返ってこない。そこではじめて、彼らの目が私の頭上に釘付けになっていることに気づきました。やおら頭上のスクリーンに目をやると、巨大なメスのカマキリが交尾相手のオスの頭部をまさにむさぼっている最中だった。残されたオスの身体のほうは、果敢にも交尾を続け、おそらく抑制信号を発するはずの頭部を失ったからなのか、一層激しく続けていた。私は楽しみに水を差すのを百も承知で、テクニシャンにビデオを止めてもらいました。

東京と仙台の講演会場は王立研究所のそれよりずっと広く、加えて同時通訳を使う問題もあって、子供たちを壇上に呼んで実験を手伝ってもらうということが難しかった。その反面、より劇場的でわくわくする雰囲気になったことも確かです。ララと私は、日本訪問そして日本人の優秀な助手たちと一緒に働いたことを何より楽しみました。世界中が日本人の良いマナーを見習ったらいい。離日するのを残念に思いました。

また日本講演では、時間の制約で五回のレクチャー全体を行なうことができず心残りでした。当然ながら三回に短縮することで失われてしまった部分があります。この本はオリジナルの王立研究所版レクチャー全五回分を収めています。吉成真由美氏とルーシー・ウェインライト氏による見事な編集で、ロンドンでのレクチャーが復活しました。彼らに感謝します。この翻訳によって、日本のさまざまな年代の読者がこれらのレクチャーを、私自身が楽しんだのと同じくらい楽しんでくれることを願っています。そして、いつか美しい日本を再訪できるよう心から願っています。

リチャード・ドーキンス

目　次

進化とは何か

ドーキンス博士の特別講義

第1章　宇宙で目を覚ます

生命は宇宙の中で「進化」というゆっくりした過程を経て成長する

まず最初に、両手を頭に持っていって、そっと自分の頭を触ってみてください。これはあなたにとっては実にたやすいことですが、こんなことができる機械を作ろうと思ったら、物理的にも金銭的にもそう簡単にできるものではないんですね。

腕を上げていくと、あなたの腕の筋肉が今どこに位置しているかを正確につかむメカニズムが、筋肉内部に備わっている。また指先にある幾千ものセンサーが、あなたの髪の毛の質感や、耳の形、頭蓋骨の形をハッキリと感じ取る。あなたの脳が、自分の頭蓋骨の幅をとても精確に測っているのです。もしこういうことができる人工的なロボットの腕を作ろうと思ったら、一〇〇億円を超す費用がかかってしまうでしょう。

両手のあいだにあるあなたの脳のほうはどうか。脳はコンピュータのようなものですが、いまだかつて作られたことのないコンピュータです。もし人間の脳に匹敵するような働きをするコンピュータができたとしたら、その研究開発費用は、何百億、何千億円というような数値になるでしょう。それなのに、あなたのと同じような脳、同じような手が、何百万という単位で毎日作り出されている。女性は、なんら研究開発の必要もなく、友人のちょっとした手助けと、九カ月の妊娠期間を辛抱することによって、それを成し遂げているのです。

どんなに驚くべきテクノロジーでも、生命の素晴らしさの前では色あせてしまいます。では、生命はどこから来たのでしょう。生命とは一体何なのか、私たちはなぜこうして生きているのか、何のために生きているのか、生命の意味は何なのか。こういう問いかけに対して、科学は答えを持たないというのが、これまでの世間通念でした。しかし、もし科学がこれらの問いかけに対して答えを持たないのであれば、科学以外のどのような分野もそれに輪をかけてまったく答えを持っていないのだということを、ハッキリと言っておきたい。

もちろんのことですが、実際科学はこれらの問いに対して、実にたくさんの答えを提示することができる。これからお話しする五つのレクチャーは、これらについてです。生命は宇宙の中で「進化」というゆっくりした過程を経て成長する。そして私たちは、自らの起源と存在意味についての理解を深めていくのです。

「エリート（少数精鋭）」だけが祖先になれる

世界中のさまざまな社会は、ほとんどが何らかの祖先崇拝の習慣を持っています。別に崇拝することを薦《すす》めているわけではないけれど、生命の意味を理解するうえで、祖先というものが大事な鍵となっていることは確かです。祖先になるなんて簡単なことだと思われるかもしれません。しかし、確かに生殖は比較的簡単だけれども、祖先になるためには、何代にもわたって連綿と続く子孫を持たなければならない。これはかなり難しい注文です。

生命の起源のころに立ち返って、細菌（バクテリア）のような割合簡単な生物のことを考えてみましょう。細菌は五〇世代分の繁殖を繰り返すと、どれくらいの数に膨れ上がるのか。これを実感するために、紙を折ってみます。一枚の紙の厚さは一世代に相当します。一世代経つごとに、（紙を半分に折るので）紙の厚さは二倍になる。ですから二、四、八、一六、三二、六四と、倍々になっていく。こうやって二を五〇回掛けていくわけです。

二を五〇回掛けるとどうなるか。非常に大きな数になる。一〇〇〇兆、つまり一の後に〇が一五個つく数になります。一枚の紙は一ミリの一〇分の一の厚さだとして、その一〇〇〇兆倍ということになると、一億キロメートルもの厚さになってしまう。これは地球から火星まで届くほどの厚さです。

細菌のたった五〇世代後の数がそれほどになる。五〇世代なんて細菌にとっては朝飯前、わずか一日でクリアーしてしまう。一週間もたてば、細菌の数はこの宇宙にある原子の数の一〇億倍以上にもなってしまいます。これがすなわち数学者が言うところの、指数関数的な増殖というものです。もちろん実際にはここまで急激な増殖は起こらない。ある臨界点を過ぎると、細菌の数は別の自然要因によって制御されてしまうからです。

祖先になることはたやすいと思ったのは間違いだったわけです。「エリート（少数精鋭）」

だけが祖先になれる。ダーウィンがやったように、細菌の場合と同様の計算を、われわれ人間やゾウを対象にしてやってみてください。細菌よりもっと時間はかかりますが、同じような結果になります。つまり割合に短い年数のうちに、宇宙はゾウまたは人間であふれかえってしまうことになる。そうならないのは、生まれた生命体のほとんどが、遠い祖先にならずして死んでしまうから。ほんのわずかの「エリート」だけが祖先になることができるわけです。

「エリート」という言葉に抵抗を感じる人もいるでしょうが、単に運だけでは祖先にはなれないということを言いたいわけです。祖先になるのはそうなる能力があるから。生き残り、配偶者を見つけ、生殖し、食べられてしまわないよう気をつけ、食物を探し、よき親であり、といったようなさまざまなことができる必要がある。

これはとりもなおさず、ダーウィンの自然選択説を別の言い方で言っただけです。われわれが今まで永らえ、生き残ってきたのは、これまでずっと成功しつづけてきた祖先たちの遺伝子を通じて、祖先として成功しつづけるために必要だった要素をすべて受け継いでいるからです。

私たちはスポットライトの中で生きている

ちょっと視点を変えて、私たちが生きているということがいかに幸運なことか、という点を強調したいと思います。なぜ幸運かというと、われわれの先祖が生き残ってこなかった可能性のほうがはるかに大きいから。われわれでなく誰か別の人間が生き残った可能性のほうがとてつもなく高い。

それから、私たちが生きているということは、また別の理由で実に幸運なことなのです。考えてみてください。宇宙はその誕生から約一四〇億年たっている。つまり、一億四〇〇〇万世紀です。そして今から六〇〇〇万世紀たつと、太陽は赤色巨星《レッド・ジャイアント》になって、地球を飲み込んでしまう。つまり宇宙誕生から太陽系の終焉まで約二億世紀の時間が流れることになります。

宇宙が誕生してから一億四〇〇〇万世紀のあいだ、初めから一世紀ずつすべての世紀が、過去に「現世紀」であったことがあるのです。そしてこれから太陽系の終焉まで六〇〇〇万世紀のあいだ、一世紀ずつすべての世紀が「現世紀」となる。「現世紀」というのは、膨大な時間の流れの中の小さな一スポットライトに過ぎない。その一瞬のスポットライトの前はすべてが死滅した暗闇であり、そのスポットライトの後はすべてが未知の暗闇です。私たちはこのスポットライトの中で生きている。

この二億世紀の膨大な時間の流れの中で、一億九九九九万九九九九世紀は暗闇に埋もれているのです。たった一つの世紀だけに光が当たっていて、その小さなスポットに、たまたまったくの偶然でわれわれが生きている。われわれの生きている世紀がたまたま「現世紀」となる確率は、ロンドンからイスタンブールまで行く途中でなにげなく放ったコインが、ある特別な一匹のアリの上に落ちるのと同じくらい、低いことなのです。

ここに生きているのは驚くほどラッキーなことだ

ほかの惑星に生命が存在するかという問いに対する答えはいろいろです。一〇〇〇万もの技術的に進んだ文明を持つ惑星が存在するという科学者もいれば、われわれが住んでいるこの惑星こそが唯一生命体を擁するものだという人々もいる。しかし最も楽観的な推定でも、宇宙のほとんどが不毛の地であることに変わりはありません。世界のほとんどには、いかなる生命体も、またその可能性すらまったく存在しないのです。

宇宙船いっぱいの、おそらく冷凍されて眠っている探検家、つまり別世界への殖民開拓者たちを想像してみてください。おそらくまもなく破壊されてしまう地球を脱出し、人類の存続を賭けてどこか別の惑星に殖民しようとする、地球最後の人間たちなのでしょう。とてつもなく幸運なことに、この宇宙船が着いた先が、本当にたまたまわれわれのような生命を維持することができる類《たぐい》の、極めてまれな惑星だったとしましょう。気温もちょうど良く、酸素もあって、というふうに。そして彼らは、美しい滝が流れ落ち、緑が茂り、山々がそびえ、いろいろな色の動物や鳥などが飛びまわっているのを目撃する。

もし、宇宙船の中で一億年眠った後にそんな世界で目を覚ましたら、どんな気持ちがするか想像できますか。まったく新しい世界、あなたが生き延びることのできる美しい世界。当然ながら、そんなまれな世界に到着できた自分の幸運を喜び、あらゆるものを心震えながら放心したように見てまわり、目と耳に入ってくる驚きの光景を信じられないでしょう。

こんなことは、ほぼ間違いなく私たちには起こらないのですが、見方を変えると、まさにこれと同じことが私たちに起こっているとも言えます。私たちは何百万年もの長い眠りから目を覚ました。もちろん、宇宙船に乗ってやってきたのではなく、誕生することでこの世に到着したのですが、宇宙船で来ようが産道を通ってこようが、この惑星の素晴らしさ、目もくらむような驚きになんら変わりはない。われわれがここにこうして存在しているのは、驚くほどの幸運であり、特権でもあるので、けっしてこの特権をムダにしてはならないのです。

科学が「日常性」という麻酔を覚ましてくれる

科学の有用性について、心狭き輩《やから》が常に疑問を呈してきますが、以下がそれに対する最適な答えとなるのではないか。マイケル・ファラデーは時のロバート・ピール英首相に、

「科学の有用性とは何か」

と尋ねられて、

「閣下、赤ちゃんの有用性とは何でしょうか」

と答えたといいます。

ファラデーが言いたかったのは、赤ちゃんというのは大変な可能性を持っているということではないでしょうか。今はたいしたことができないかもしれないが、そのうちたくさんのことができるようになる（科学も同じだ）、と。

しかしもう一つの可能な解釈は、もしただひたすら生存するために働き、そしてまた生存するために働く、ということのみを目的に生きていくのだとすると、赤ちゃんをこの世に送

り出すことに意味はないのではないか。もしただ存在するということのみが生命の目的であれば、われわれは一体なぜここにいるのか。それ以上に、何かがあってしかるべきではないのか。

生きていくことのみに全霊で取り組まなければならない人生もあれば、生を続ける以上に、何か有意義なことに全霊を注ぐ人生もある。芸術や珍しい種を保全するために税金を使うという場合、当然ながらこの意義が正当な理由としてあげられます。しかし基礎科学に同じ理由を挙げようとすると、人々はとたんに実利主義的になって、

「あなたが研究で楽しい思いをするために、政府が金を使うべきだとおっしゃるわけですか」

と言ったりします。

「楽しい思い」という言葉は的確ではないでしょう。一億四〇〇〇万世紀ものあいだ眠りつづけたあと、とうとう宇宙で目覚めるのです。われわれは、色彩に満ち生命にあふれかえっている素晴らしい惑星で目を覚まし、しばらくして再び目を閉じなければならない。われわれが目覚めた宇宙を探索し、一体ここで何をしているのだろう、この宇宙は一体どうなっているのか、生命とは何か、何のためにあるのだろうか、といった問いに対する答えを探し求めるわけです。これらの問いに答えようとする科学という大事業には、当然ながら「楽しい思い」というレッテル以上の意義があるでしょう。

このように考えると、科学とは、あなたがスポットライトの中にいる短い時間を使うのに、

最も有意義な方法となるとは思いませんか。

当然ながら、もし持てる時間のすべてを使って、世界を歩きまわり、見るもの聞くものすべてについて、

「ああなんて素晴らしい、なんと驚くべき！　一億世紀もの眠りから覚めたんだ、とてつもない旅行だった！」

と言ってまわったら、変人と見られるかもしれません。それに普段の生活もあるし、食べていかなければならないから、弁護士として、清掃人としてなどといった方法で、生計を立てていく必要もある。それでも、時々「日常性」という麻酔から覚めて、われわれの周りに常に存在している素晴らしさに改めて目を見開いてみるといいでしょう。

ではどうやって麻酔から覚めたらいいのか。実際にほかの惑星に行くということはできないし、幸いその必要もありません。われわれの惑星内でも、ほとんどよく知られていない領域に行くことによって、ほかの惑星に行ったのと同じような効果が得られるからです。

小さな世界に見る進化の驚き

たとえばこれは深海魚です（図1-1）。この魚を見ようと思ったら、ダイビングスーツを着るか潜水艦に乗るかして、長いこと海にもぐらなければならない。

こちらも深海魚ですが（図1-2）、光るルアー（擬似餌）を頭につけていて、この中には光を発する細菌がいます。このルアーを使って獲物をおびき寄せ、近づいてきたら釣竿部分

1-1

1-2

を自分の口の近くにさっと引き寄せ、口をあけて獲物を飲み込んでしまう。これらの生物は、われわれから見るとモンスターのように変な生き物にみえますが、彼らから見るときっとわれわれがモンスターのようにみえるでしょう。

実際のところ、深海にまで行かなくとも変な生物を見ることができます。以前タコについて同僚の講義を聴いたことがありますが、彼によると、タコは素晴らしく興味深い火星人だという。つまりほかの惑星からやって来たと言ってもおかしくないくらい、変わっていると。また、コウイカは体の色を思いどおりに変えることができる（図1-3）。これはコウイカの体に何かの影が映っているのではなく、コウイカ自身の体の中の神経系によって制御されているものです。感情を表して、ほかの同類に信号を送っている。

海まで行く必要もない。たとえば昆虫を見てみてください。彼らはすべて同じ昆虫体型をしています。約三億五〇〇〇万年前に生きていた共通の祖先から受け継いできた同じ基本構造で、これらの特徴を受け継いでいるため、どれもみな昆虫に見えるわけです。いずれも頭部、胸部、腹部があり、この昆虫の場合は腹部が異常に長くなって、棒のように見えます（図1-4）。

　別の昆虫の場合は、体が平べったくなっていて（図1-5）、同じように頭部、胸部、腹部、三対の脚、触角、翅を備えている。こちらは蝶です（図1-6）。同じ基本構造で、部分をつまんだり引っぱったりして、別の形に練り上げられているだけです。基本的にはすべて同じ

★ 1-3

1-4

1-5

1-6

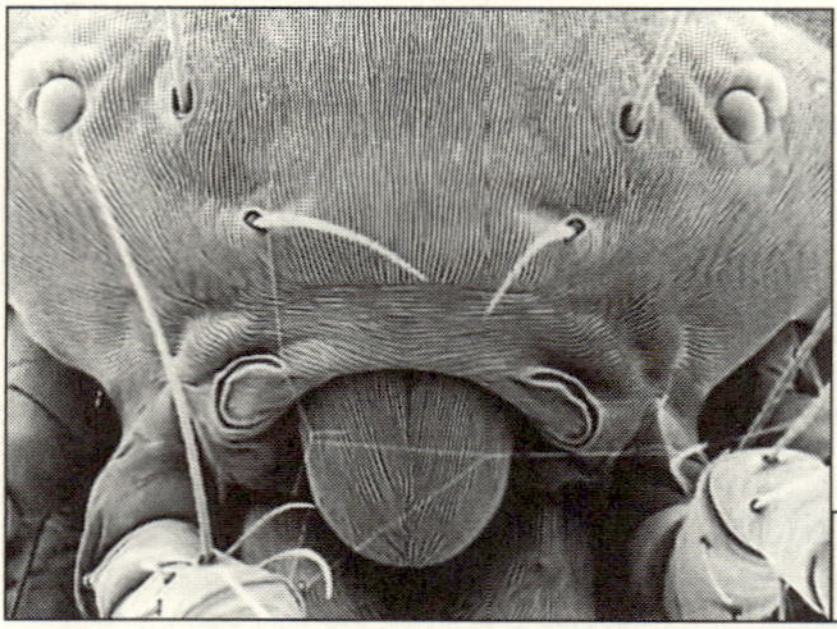
1-7

1-8

形で、祖先の影響を完全にはふるい落としていない。

遠い惑星で目覚めたような錯覚を得る別の方法は、われわれの体を縮小して、われわれが馴染んでいるスケールよりもずっと小さい世界へ、また違った意味での旅をすることです。

これはイエダニ（図1-7）。あなたの家のカーペットで、知らないあいだにしょっちゅう遭遇しているものです。走査電子顕微鏡を使って拡大しました。こちらは蚊の頭部で、たくさんの個眼が集まった複眼が両側についている（図1-8）。中央には触角の付け根（ソケット）が見えます。走査電子顕微鏡を使ってみると、あたかも天体望遠鏡で遠い惑星を見たときのように、実に異様な世界をのぞくことができます。

別の昆虫を見てみよう。これはジャングルのように見えます。ここにあるのはネジレバネの仲間の、ハチに寄生する小さな寄生昆虫で、ハチの装甲板の下から顔をのぞかせています（図1-9）。

1-9

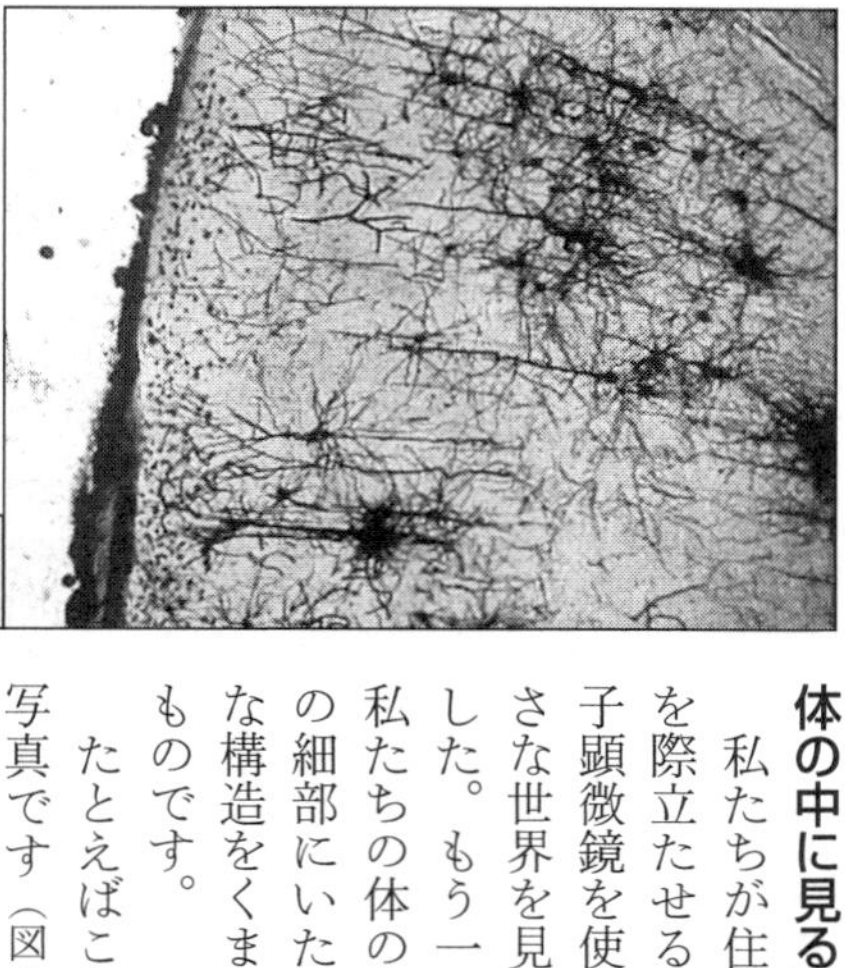

1-10

体の中に見る進化の驚き

私たちが住む世界の特異さを際立たせるために、走査電子顕微鏡を使って、非常に小さな世界を見る旅に出てみました。もう一つの旅の仕方は、私たちの体の中に入って、体の細部にいたるまでその綿密な構造をくまなく探るというものです。

たとえばこれは人間の脳の写真です（図1-10）。ここに見える黒いものはひとつひとつが神経細胞です。これだけでも大変な数ですが、これはほんの一部を着色して示したもの。細胞同士は驚くほど込み入った森のように互いにつながっていて、人間の脳の神経細胞すべてをつなげると地球を二五周するほどの長さになります。もしこのつなげた神経細胞の端から端まで情報を送るとすると、なんと六年もかかってしまうのです。

神経系の刮目《かつもく》すべき点は、細胞の数ではなくむしろそのつながり方にあり、その複雑さは驚くべきものです。それぞれの神経細胞の樹状突起と呼ばれる末端には二〇〇〇あまりもの突起が出ていて、別の細胞とつながるようになっている。したがって脳内の突起によるコネクションを数えると、二〇〇兆にもなるでしょう。これが何を意味しているかというと、もしこれらのコネクションがコンピュータのスイッチ単位に相当すると考えると、脳は普通のデスクトップ型コンピュータの一〇〇〇万倍ものスイッチ機能を備えていることになる。

神経細胞の数とそのコネクションを考慮すると、脳は驚異的です。体の中にはほかにたくさんの異なる細胞がありますが、基本的な構造はみな同じです。これは典型的な動物細胞の模型ですが、単なる液体の入った袋というのではない（図1-11）。膜が詰まっていて、内部構造が作られている。図の青い部分は膜で、どの細胞もたくさんの膜をもっていて、人間の体の中の膜をつないで広げると、約八一万平方メートル（約二四万坪）以上もの広さになるくらい。広い農場にも匹敵する大きさですが、これほどの膜は一体何をしているのでしょう。単なるヒダヒダの詰め物というわけではない。多くの場合これらの膜は化学工場になっています。特にミトコンドリアと呼ばれる、図のオレンジ色の部分がそうです。

これらは膜でできており、どの部分をとっても化学反応が起こっていて、化学工場になっている。これはそれぞれの細胞内で起こっている化学反応を示した図です（図1-12）。驚くほど、信じがたいほど、複雑になっています。この図のひとつひとつの矢印が、一つの化学反応を表していて、これらすべての反応が、あなたの体のひとつひとつの細胞の中にあるすべてのミトコンドリアの膜の内部で、常に起こっています。ミトコンドリア全部でどれくらいの数になるかというと、もしあなたの体の中のミトコンドリア同士の端と端をつないでみると、地球を一周するどころか、二五周しても終わらず、なんと二〇〇〇周もするほどの長さになるのです。

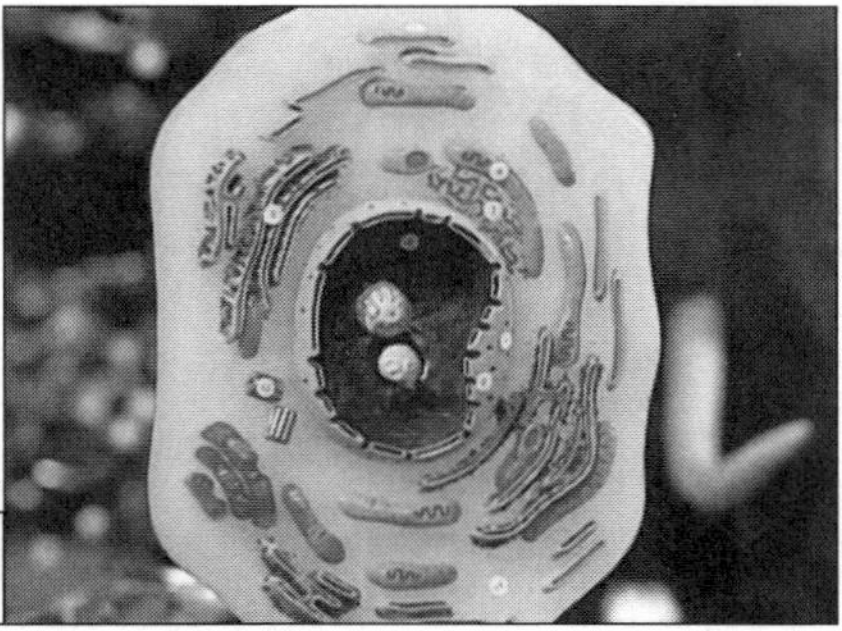
★1-11

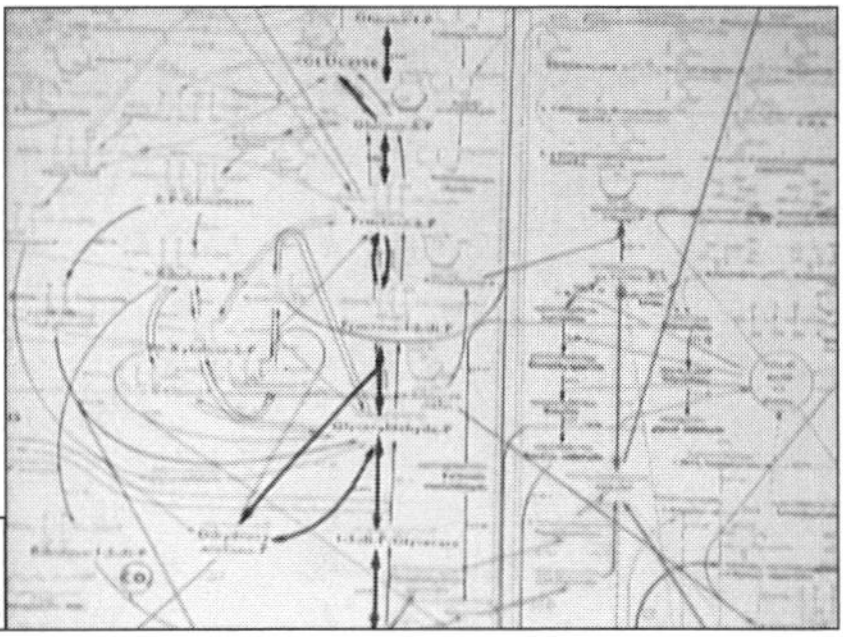
1-12

細胞のちょうど中央にある核の中には、DNA（デオキシリボ核酸）が入っています。DNAという魔法の分子、生命の分子、世界で最も重要な分子です。この分子は、どのようにして体を作り上げるかという情報を、世代から世代へと伝えている。DNAがもっている情報の大きさをたとえて言うなら、もしあなたがステーキを食べているとすると、（ステーキを作っている細胞の中のDNA情報量は）一回噛むごとにブリタニカ百科事典の一億セット分を噛み砕いていることに匹敵する。あなたの歯は、それほどの破壊力をもっていることになるのです。

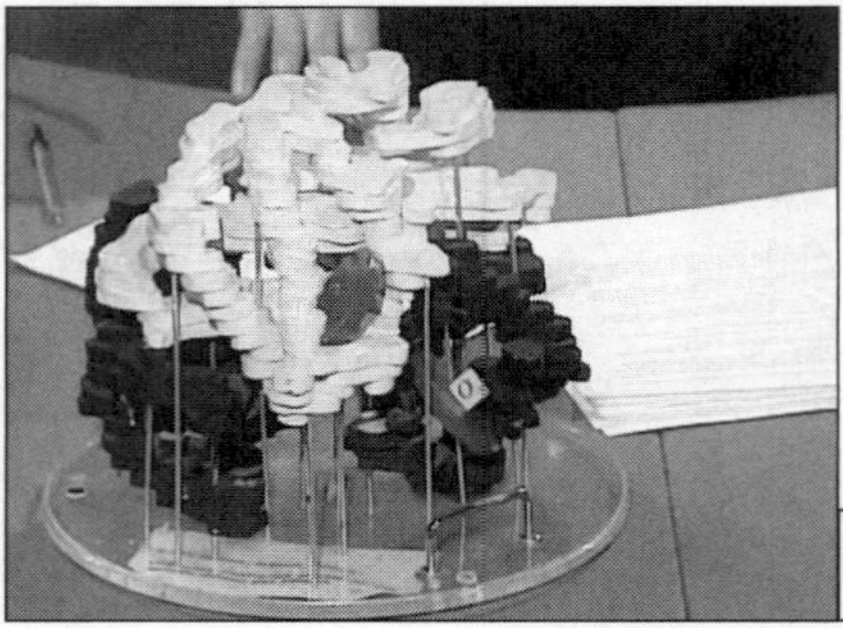

1-13

ヘモグロビンは血液の中で酸素を運搬する分子です。見てわかるとおり複雑な構造をしている（図1-13）。ヘモグロビン分子を、酸素を運搬するトラックだと考えてみてください。それぞれのヘモグロビン分子は、体のある部分から別の部分へ酸素を運んでいく。酸素運搬機械ですね。驚くべきことは、あなたの体の血液中にあるヘモグロビン分子の数は、六×（一〇の二一乗）、すなわち六、〇〇〇、〇〇〇、〇〇〇兆個にもなり、それぞれがすべて非常に複雑な構造になっており、みなまったく同じ形をしていて、血液中で常に、古くなったものは壊され新しいものが毎秒約四〇〇兆個の割合で作られている、ということです。

進化の時間スケール

別の惑星に行ったような経験をするために、別の形の旅、すなわちこの惑星で時間をさかのぼる旅に出るということも考えられます。一番良い方法は、タイムマシーンに乗ることですが、いかに優れた研究所でもそれは提供できないので、化石を使うことになる。

三葉虫のような化石（図1-14）を扱う際に最も難しいのは、これがどれくらい古いものであるかということを把握することです。みなさんはこれがどれくらい古いものであるか、見当もつかないでしょう。私にも見当がつかない。どれくらい古いのか言葉で言うことはできる。だいたい五億年かそれよりもう少し前のものでしょう。しかし言葉で言うのと、本当にそれが何を意味しているのか理解するのとでは、まったく別のことになります。われわれの脳は、われわれの一生分くらいの時間軸を理解するように進化してきた。秒、分、日、週、年、世紀に至るまで、理解することはできます。

1-14

一〇〇〇年単位、すなわち数千年もの年月ということになると、ちょっと背骨のあたりがモゾモゾしてきます。大叙事詩、たとえばホメロスの『オデュッセイア』や、ギリシャ神話のゼウスやアポロンなどの神々（図1-15）、ユダヤ教のモーセやヨシュアといった英雄たちやヤハウェという神（図1-16）、古代エジプトのラーという太陽神（図1-17）、これら

1-15

1-16

1-17

すべてはわれわれに、背筋がゾクッとするほど大昔だという感覚をもたらします。まるで古代遺産の霧の中を覗いているような感じがする。しかし、この三葉虫の化石の時間軸から見ると、これらの古代遺産の霧は新しすぎて、「昨日」ということにさえならないのです。

これはだいたい紀元前七世紀ごろのメソポタミアの楔形文字板で、ニネベ付近の土地の売買を記述した公式文書です（図1-18）。またこちらも同じようなゾクゾクする感じを与えるものですが、これは有名な一九世紀の考古学者シュリーマンによって掘り起こされた青銅時代のマスクです（図1-19）。彼をして「アガメムノン（トロイアを攻めたギリシャ軍の大将）の顔をまじまじと見たり」と言わしめたもの。実際これはアガメムノンの顔ではなかったのですが、彼はそう思った。遥か昔の時間の流れに思いをはせ、畏敬の念を感じたということでしょう。彼自身が古代遺産の霧の中に戻ったように感じていたのです。

実際にどれくらい古いのか、感じをつかんでみましょう。そして三葉虫をその時間軸の中に置いてみます。私が一歩（一m）進むごとに一〇〇〇年の時間が経つことにしましょう。

1-18

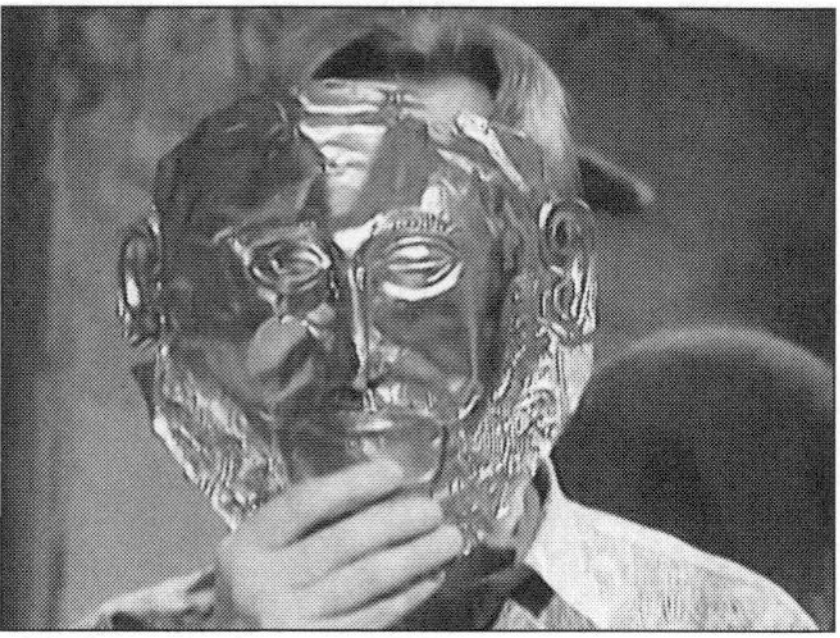
1-19

紀元〇年から始めます。一歩進めば紀元前一〇〇〇年、メソポタミアの楔形文字板のころであり、ダビデ王のころ。もう一歩進んでみましょう。紀元前二〇〇〇年、シュリーマンの青銅時代の兵士のマスクがここに入る。もう一歩進むと紀元前三〇〇〇年、エジプトのピラミッドが建設される少し前になる。もう一歩進むと紀元前四〇〇〇年、大主

1-20

1-21

1-22

教アッシャー（一七世紀のアイルランド大主教）が計算した世界の始まりのころであり、アダムとイブのころになる。しかしまだ始まったばかりです。四歩進んで紀元前四〇〇〇年まできました。

これはホモ・ハビリスです（図1－20）。彼女、もしくは彼女と似たような人が、われわれの直接の祖先です。彼女は二〇〇万年前に生きていたので、彼女まで戻るには、約二kmも進まなければならない。大変長い距離です。

こちらはアウストラロピテクス（図1－21）。彼はおそらくホモ・ハビリスの直接の祖先になる。約三〇〇万年前に生きていました。ですから三kmも歩かないと彼の時代までさかのぼれない。これはラマピテクス（図1－22）。これはおそらくわれわれのみならず、ほかの類人猿の祖先でもあるでしょう。だいたい一四kmほど進んだあたりです。こちらは初期の霊長類で（図1－23）、そこまで行くには五〇kmも歩く必要がある。

1－23

1－24

初期の哺乳類は、約六五kmも先です（図1－24）。食虫類は約八〇kmくらい（図1－25）。次は初期の哺乳類に似た爬虫類ですが、ここまでくるのには二九〇kmもの距離があります（図1－26）。次は両生類（図1－27）。約三五〇km先になる。次は魚類（図1－28）。ちょうど水中から出て陸に上がろうとしているところですが、ここまでさかのぼるには五〇〇kmを必要とする。これらはすべてあなたがたの祖先になります。

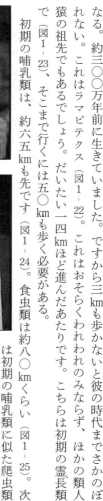

1-25

1-26

1-27

こちらはだいたい三葉虫と同じころの生き物です（図1-29）。お互いにどこかで会っているかもしれない。ピカイアと呼ばれるもので、これがどれくらい古いかを知るには、約五五〇kmも延々と歩かなければならないのです。

覚えていますか、われわれ人間の古代遺産の霧の中まで戻るには、たったの二歩でよかったのです。しかも、ピカイアで終わりではない。ピカイアの前にまだごまんと祖先がいるのです。生命の起源、最初の細菌（バクテリア）までさかのぼるなら、三五億年も前になる。

そこまで時代をさかのぼるためには、ロンドンからモスクワまで、約三五〇〇kmも歩くことになります。

もし進化の過程を理解しようと思ったら、こういうスケールの時間を理解しなければならないが、われわれの脳は、そういうふうにはできていないのです。

今われわれが祖先を振り返ってみたとき、進化というのは確実にクライマックス、すなわちわれわれ人間というものに向かって収斂《しゅうれん》しているのだというふうに誤解してしまうかもしれないけれど、実際は、そのようになっていません。進化は何万、何百万という異なる方向に向かって、同時に進行しているのです。

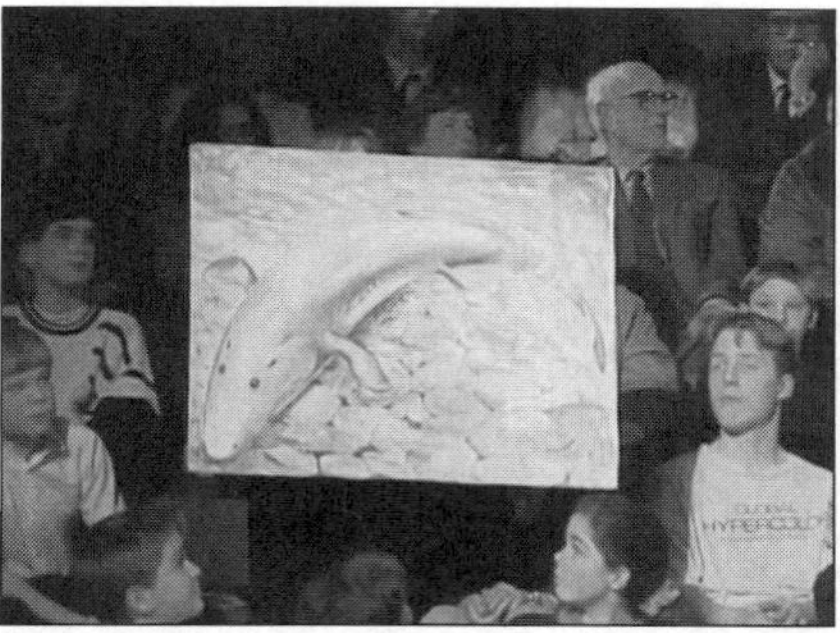

1-28

1-29

すべての生命体は一つの祖先から由来している

ここにあるのは生命の樹です（図1-30）。これは進化の流れのごくごく一部を表したもので、生命の起源はこの樹

★1-30

の根元になります。それぞれの枝の分かれ目は、その先にある枝々の上に乗っている生物の祖先を示しています。

ひとつの枝は植物を表し、別の一つはゴリラや人間などの霊長類を表している。また別の枝は肉食動物を表し、その先にはライオンやトラがいて、彼らの共通の祖先は——クマと犬の共通の祖先よりも新しいのですが——すべての肉食動物の共通祖先になります。

シマウマとサイは、バイソンや羊やヤギのような割れたひづめ（偶蹄《ぐうてい》）を持った動物たちより、お互いずっと進化上近い距離にある。羊とヤギは、比較的最近共通の祖先から分かれていて、いとこ同士になります。バイソンはもう少し古い共通祖先から枝分かれしています。昆虫のハエとバッタは、だいぶ昔にクモと祖先を共有していたことがわかります。

この樹に表されているのはごく一部の動物と植物で、本来ならばこの樹は一〇〇〇万から二〇〇〇万の枝を擁しているのです。

これらすべての動物は、お互いに親類関係にあり、われわれとも親類になります。今日《こんにち》生きとし生けるものはすべて、われわれの親類に当たります。魚もゾウもみなわれわれの親類です。彼らが親類であることは、みな同じDNAコードを使っていることからわかる。これまで知られているすべての生物の遺伝コードは、同じなのです。共通の祖先を持っていないかぎり、そんなことはほとんどありえない。われわれは三〇億〜四〇億年前に生きていたひとつの遠い祖先の子孫であり、したがってみな親類になるわけです。

もしもほかの惑星から来た生命に出会ったとしたら、彼らはわれわれの親類ではありません。彼らはまったく独自に進化していて、おそらくDNAを持っていないでしょう。ただ、われわれと共通する部分をたくさん持っているとは想像できる。生きているかぎり、似たようなたくさんの問題を解決する必要があるからです。そういった問題は宇宙のどこへ行っても、おそらくあまり違わないでしょう。DNAを持っていなくとも、同じような機能を持った何かを持っていて、それらはDNAと同じような役割を担い、同じような働きをするでしょう。そしておそらく、ダーウィンの自然選択に匹敵するような方法で、彼らも進化してきている――これは賭けてもいいです。

もしほかの惑星からの訪問者があるとすれば、当然彼らは考える力と科学を実行する力を進化させてきているはずです。でなければ、ここまで来られるわけがないですから。そして彼らの科学は、われわれのそれと基本的には同じであるはず。物理や化学の基本原理は、宇宙の中ではみな同じだからです。たとえばπといった定数の値や、ピタゴラスの定理、相対性理論なども同じはず。もっともアインシュタインではない別の発見者によるものになるわけですが。

おそらく彼らはわれわれをまだ子供だと見なすでしょうが、われわれの科学は認めてくれるでしょう。われわれの頭をなでて、

「あなたがたの宇宙の認識はほぼ正しい。まだたくさん学習する必要があるが、よくやっている、その調子だ」

と、まあこういうふうに地球の科学者に対して言うはずです。

超自然という認識から抜け出して、科学的な理解力を養う

もし彼らが、地球の最も優秀な弁護士や文学批評家や神学者たちと話をした場合はどうでしょう。けっして感心してもらえるとは思えません。彼らの世界の考古学者が興味を持つ程度で、われわれの文化的信仰というものが、限定されていて偏狭であると見抜いてしまうはず。彼らが持っている宇宙の基準に照らしてはもちろんのこと、われわれ地球の基準に照らしても、かなりローカル（地域限定）です。人々が何を信仰するかというのは、たまたま彼らが地球上のどこで生まれたかということと密に関係しているのだから、変な話です。

アダムとイブの神話は世界の一部ではたくさんの人に信じられていますが、別の地方に行けば、まったく異なる神話が信じられている。これはヒンズー教の神話です（図1‐31）。けっこう美しいものですが、ほかにもヒンズー教の神話がありますす。ここに示されているのは、

攪拌《かくはん》器でミルクの海をかき回しているところです。神と悪魔とが、カメの上にある軸をまわして、ちょうどバターがミルクからできてくるように、海の中からすべての生き物たちができてくるという神話を表している。これらの創世記は美しいものですが、どれひとつとして同じものはなく、それぞれすべてが正しいということはありえない。しかも、たまたまある国に生まれたために、単にその国の人々が信じているものを信じるというのはおかしな話です。

1-31

科学者たちがどのようにして意見の違いを解決するのか、見てみましょう。一つの例として、なぜ恐竜は絶滅したのかという問題を取り上げてみます。いくつもの説がある。たとえば、彗星あるいは隕石が地球に落ちて、大災害を引き起こしたために、恐竜は絶滅したというもので、多くの科学者たちがこの説を支持している。別の有力な説は、ウイルスが恐竜を絶滅させたというもの。ほかに、哺乳類が台頭してきたために、彼らが恐竜の卵を食べてしまい、それが絶滅につながったという説も、強い支持を得ている。それぞれの説について、さまざまな研究がなされています。要は、いまだ決定打となる十分な証拠がないために、意見の相違が生じているということ。ただ、意見を変えるためにはどのような証拠が必要か、ということについては誰もが一致しています。

ここで、科学も神話の創世記や言語と同じように広まると仮定してみましょうか。ここにあるのは世界の言語地図です（図1－32）。たとえば、赤い領域は英語圏にあたります。こういうふうに言語の地図を作るのは理にかなっています。人は生まれた国の言語を話すようになるからです。しかし、もし科学の理論がそうなっていたとしたらどうか。科学理論の分布地図が言語地図と同じようになっていたとしたら——。赤い領域では誰もが隕石衝突説を信じ、青い領域では誰もがウイルス説を信じ、緑の領域では誰もが哺乳類が卵を食べたという説を信じるといった具合。そうだとしたらなんとふざけた科学でしょう。

★1－32

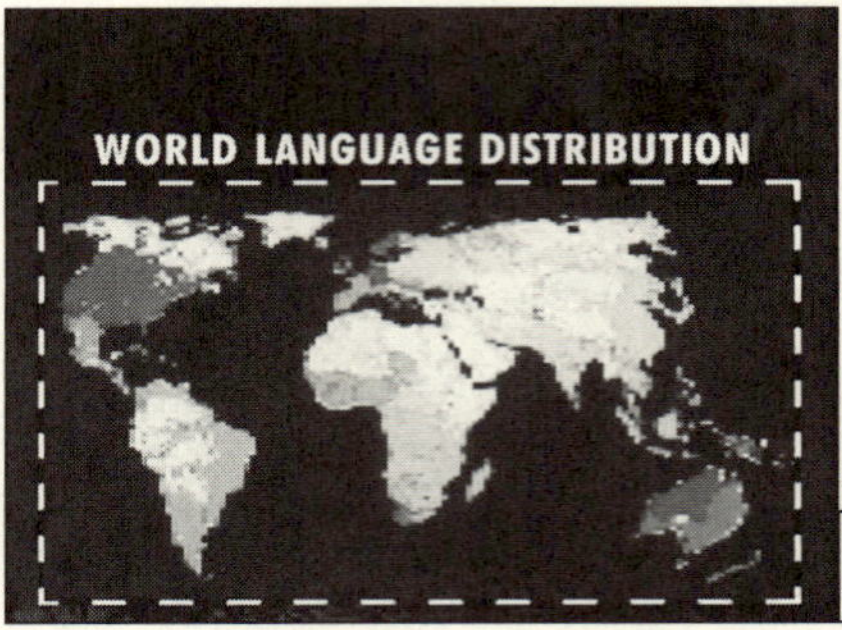

想像してみてください。二人の科学者が議論していて、一人が、
「恐竜は彗星が地球に衝突したから絶滅したと信ずる。どうしてかというと、そういうふうに父も、祖父も、それから私の国の人たちもずっと信じてきたからだ」
と言ったとする。するともう一人が、
「いや恐竜はウイルスによって絶滅したと信ずる。なぜなら、父も、祖父も、私の国の人々も、ずっとそう信じてきたからだ」

と反論する。

あるいは会話はこんなふうに展開するかもしれない。

「証拠なんてどうでもいい。彗星が地球に衝突したというのは明白なことだ。私個人には、彗星が地球に衝突したことが啓示されたからだ」

「いやあれはウィルスのせいだ。私にはわかる。ウィルスだということを強く信じているから、私にはわかるんだ」

もしあなたがこういう会話を耳にしたら、彼らは相当おかしな科学者だと思うでしょうし、彼らの言うことを一切信用しないでしょう。

宇宙で成長するということは、単純から複雑へ、非効率から効率の良いほうへ、無脳から大きな脳へと進化していくことを意味します。しかし同時に、ローカルな迷信に満ちた宇宙観から抜け出し、権威や伝統や個人的な啓示ではなく、証拠とオープンな議論とに基づいた、しっかりした科学的な宇宙観というものに移行していくということを意味する。成長するということは、一見説明しているようにみえて実際には何も説明していない「超自然的な解説」というものに逃げてしまわずに、実際の宇宙がどのようになっているかを知ろうと、地道に努力を積み重ねていくことを意味するのです。

神秘体験にはまったく何の意味もない

「超自然現象を完全にないがしろにしてしまっていいのだろうか」

という人もいるでしょう。

「テレパシーと思えるような神秘的な経験をしたことのある人は、結構いるはず。もう何年も会っていない人のことをある晩夢に見たら、次の日図らずも当の本人から手紙が届いたなんてこともある。なんという偶然。超自然現象に違いない。ちょっと薄気味悪いくらいだ」と。

それこそ超自然的な説明です。もっと自然な説明はどうなるか。まず、単なる偶然でこういうことが起こる確率はどれくらいあるか、調べる必要があります。

調べる方法はいろいろある。ここでとても簡単な実験をしてみましょう。コインを投げて決める実験です。今日の聴衆の中に超能力者がいて、コインの表が出るか裏が出るかを意のままに操ることができるとする。その超能力者が誰なのか、見つけることにします。今コインを投げるので、このホールの左側の人たちは表が出るよう念じてください。本当に強く、表になるように、表を出すようにと。で、ホールの右側の人たちは、全員裏が出るように念じてください。どちら側に超能力者がいるか見るわけです。いいですか、それでは行きます(コインを投げる)。

裏でした。ですから、もし超能力者がいるとしたら、ホールの右側にいることになる。右側にいる人は全員立って。これからは消去法で行きます。通路の左側の人たちは、表が出るように、通路の右側にいる人たちは、裏が出るようにそれぞれ念じてください(コインを投げる)。

★1-33

表でした。通路の右側の人たちは座って、通路の左側の人たちはそのまま立っていて。今度は六列めとそれより後ろの人は表になるよう念じて、五列めとそれより前の人たちは、裏になるよう念じてください（コインを投げる）（図1-33）。裏です。六列め以後の人は座ってください。だいぶ人数が少なくなってきました。後ろ二列は表、それ以外は裏を念じてください（コインを投げる）。

裏です。後ろ二列は座ってください。前三列のみになりました。今度は一番後ろの列が表で、前の二列は裏です（コインを投げる）。

裏です。一番後ろの列は座ってください。（残る二列のうち）今度は後ろの列が表で、前の列が裏です（コインを投げる）。

裏です。後ろの列は座ってください。今度は赤いシャツを着た人とその左が表で、右側のもう一人が裏です（コインを投げる）。表

1-34

です。右の人は座って。今度は左の人が表で、右の人が裏です（図1-34）（コインを投げる）。表です。よくやりました。何回コインを投げたのか忘れましたが、おめでとう（と左側の人に）。

全部で八回コインを投げたとしましょう。そこで質問です。彼は超能力者でしょうか。

確かに彼は八回連続して正解した。これはなかなかたいしたものです。ですが、もちろん彼が超能力者だという証拠はまったくない。確かに彼はそのつど「表」や「裏」が出るように念じて、本当にそのとおりになった。しかし実験のやり方を見ればわかるとおり、一回ごとにグループを分けていったので、彼が実際には（表や裏でなく）ハムエッグのことを考えていたとしても、まったく同じ結果になったのです！　必ず誰かが明らかに超能力者にされることになる。ここにいるのは数百人ですが、もし一〇〇万人あるいは二〇〇万人を対象にして同じ実験をしたとすると、ずいぶん長いことコイン投げを続けなければならないけれど、最後には必ずすべてを予測できた人がいたことになって、驚くべき結果となるでしょう。

人が自分の神秘体験について新聞に書く場合、その体験というのは、今やった実験のようなものなのです。タブロイド版新聞の販売部数は一〇〇万を超えているでしょうから、そのうちの一人が神秘体験を綴った場合、どうしてそういうことが起こったのか、もうおわかりでしょう。今この瞬間に、必ず誰かが神秘的な体験をしていることになるけれど、だからといってそれには何の意味もない。必ず誰かがそういうことになるはずなのだから。

したがって、神秘的な、気味の悪い、テレパシーのような経験をしたというような話を聞いたら、必ずこの実験のことを思い出して、そうなる確率はどれくらいあるのか考えてみよう。科学的な方法というものを頼りにし、信頼しよう。妥当な科学的予測を信頼するのは、理にかなっているのです。

1-35

1-36

　ここにあるのはとても重い大砲の弾です（図1-35）。私はここに立って、この弾を放す。するとまず向こう側に行きますが、すごい勢いでこちら側に戻ってくる。私の本能は「逃げろ！」と叫ぶわけですが、私は科学の手法というものを信頼しているので、弾が戻ってきたときには、ちょうど鼻の先二cm弱ぐらいのところで止まるということを知っています。ではやってみましょう。(ドーキンスが弾を自身の鼻先にもってくる。ドーキンスが弾を放すと、振り子のように向こう側へ行ってからまた戻ってくる。立っている彼のちょうど鼻先に届くちょっと手前で、また向こう側へ振れていく)(図1-36)ちょっと顔に風を感じました!

ノーベル賞科学者であるピーター・メダワーが、著書『生命科学』の中で次のように言っています。

「人間だけが、自分たちが生まれる前に起こったことを知り、自分たちが死んでから起こるであろうことを予測することによって、自分の行動を決めていく。すなわち、人間のみが、自分が立っている地点のみならずその前後に光を当てることによって、自らの進む道を見つけていく」

と。

次の章では、デザインの問題、つまり電子顕微鏡のようにまったく人工的にデザインされたものと、ゾウやアマツバメのように一見デザインされているようにみえるけれど、実際にはデザインされていないものについて、考えてみたいと思います。

第2章 デザインされた物と「デザイノイド」(デザインされたように見える)物体

2-1

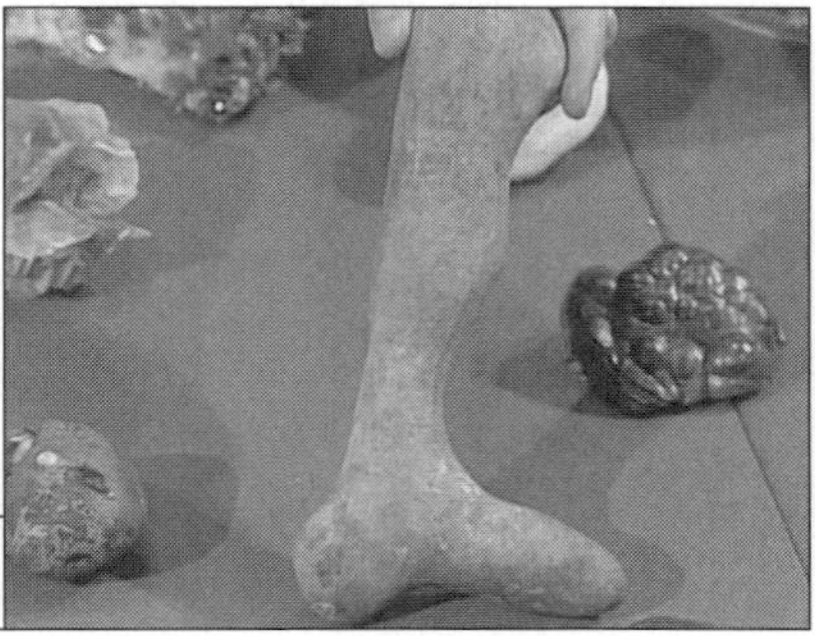

2-2

自然が作ったシンプルな物と、人がデザインした物

この章はデザインの問題について扱います。まず明らかにデザインされていない物から見てみましょう。

これはごく普通の石です(図2-1)。石は、しばらく放っておかれると、物理の法則によってこのような形になる。自然の力でこういう見た

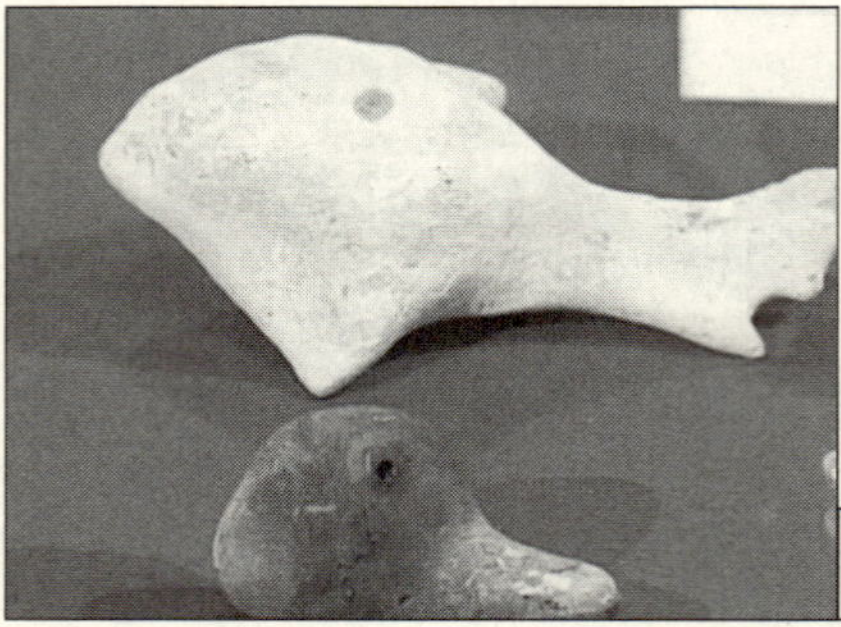
2－3

2－4

2－5

目がブーッのような形になることもある（図2－2）。またこんな魚のような形や、カモの頭のような形になることもありますが（図2－3）、いずれも特に意味はありません。こちらはかなり面白い形をしていますが、まったくの偶然です（図2－4）。外側は卵のような形で、中には小さな胎児のように見える石が入っている。これもまったく物理の法則にしたがって、自然が作り出した物です。

　この美しい結晶も自然が生み出した物です（図2－5）。結晶というのはなかなか面白い特徴を持っていて、同じ種類の原子が自然に任せて重なり合ったときにできる。こちらは「砂漠のバラ」と呼ばれる別の種類の結晶ですが（図2-6）、宝石職人が作ったかのようにも見える。しかしこれらはすべて偶然にできた物で、どれもデザインされた物ではありません。これらの石はすべて「シンプル」と呼べるカテゴリーに入ります。同じことは雲や星についても言えます。誰がデザインしたのでもなく、単に物理の法則にしたがった結果、できたもの。自然の産物の良い例です。

2-6

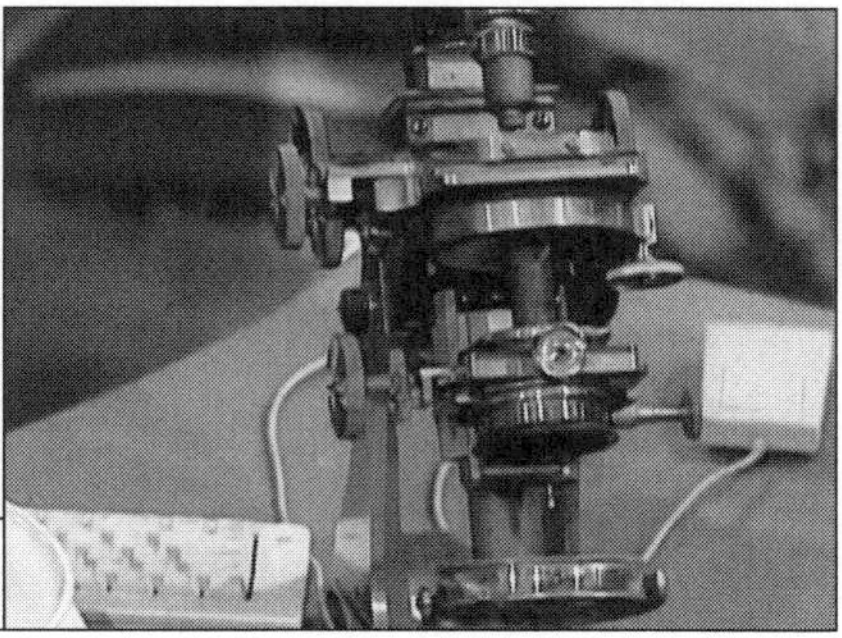
2-7

今度は明らかにデザインされた物を見てみましょう。たとえば顕微鏡がそうですが（図2-7）、誰もこれを自然の産物だとは思わないでしょう。どの部分を見てもデザインされたということがわかる。下をのぞくための長い筒があって、両端にレンズが付いていて、筒の中に下から光を反射して入れるために鏡があって、焦点を合わせるためのネ

2-8

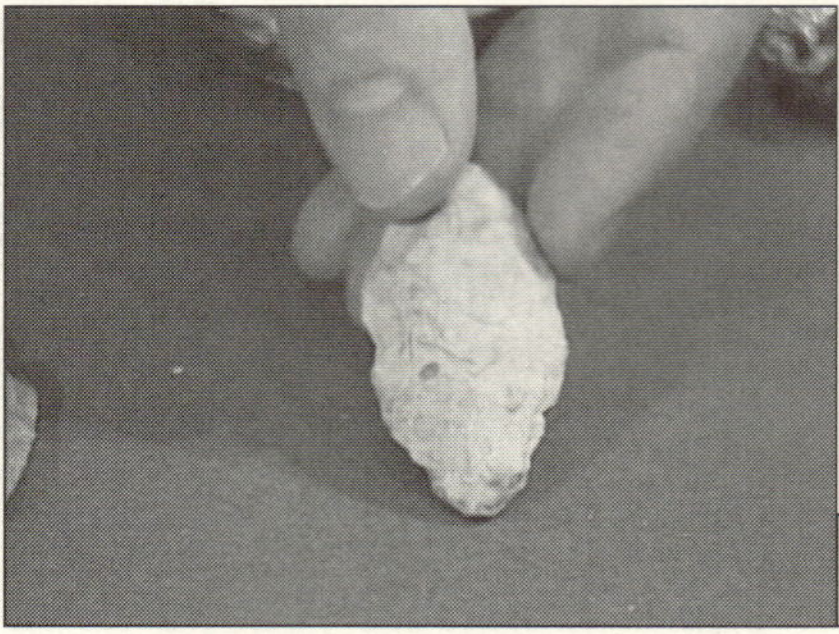
2-9

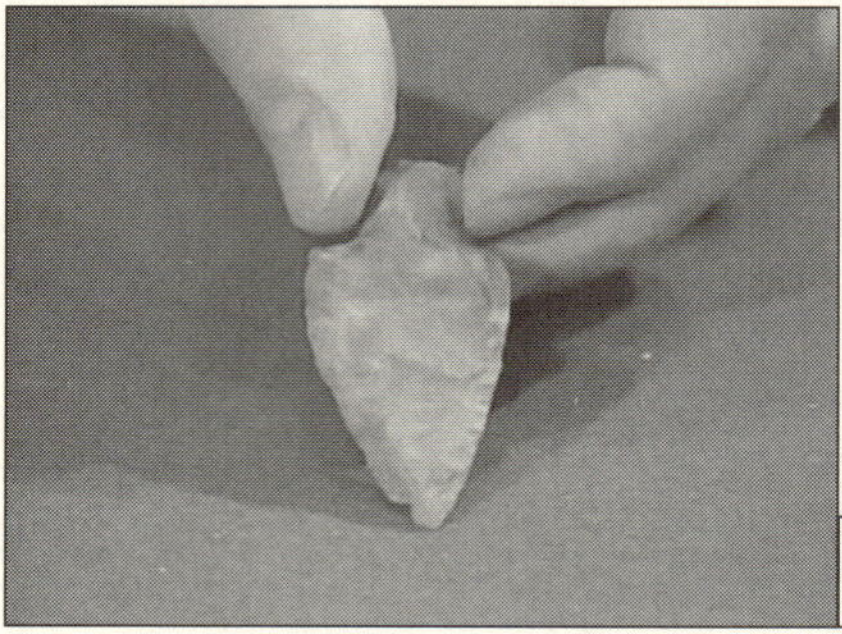
2-10

ジが付いていて、もうひとつのネジでスライドを前後左右に動かせるようになっている。ネジそのものまで、つかみやすいようにわざとザラザラになっている。まさにデザインされた物です。計算機や時計にも同じことが言えます（図2-8）。

少し判断が難しいケースもあります。これらのフリント矢じりもデザインされた物であることは確かでしょう（図2-9、図2-10）。海辺で拾うような石とは違った形をしていますから。

これらデザインされたものに共通する特徴は何か。それはある目的を持って作られていて、単なる偶然では決してそういう形にならないということです。顕微鏡は明らかに物を超拡大するという目的にかなっているし、偶然の産物でないことは明白。膨大な原子を集めてランダムに揺さぶりをかければ、結晶ができる可能性はありますが、何十億年かけても顕微鏡が偶然できる可能性は皆無です。

これはガザンダー（尿瓶《しびん》）と呼ばれるもので、ベッドの下に入るのでアンダーという語が入っています（図2-11）。顕微鏡よりずっと素朴な目的のために作られたものですが、目的によくかなっているし、明らかにデザインされたものです。目的がわかれば、この場合水をためるということですが、どれくらいその物体が目的にかなったものであるかを大まかに測ることができる。この瓶《かめ》を作るのに使った粘土の量をコストとし、それがためることのできる水の量をその利益であるとすると、その瓶の効率は、水の重さを粘土の重さで割った割合というふうに表すことができるでしょう。

2-11

これを、人工ではなく自然にできた石の水瓶（図2-12）と比べてみると、自然にできたほうは、使われている石の量に比べてためることのできる水の量が割合少なく、効率はそ

2-12

れほど良くないですね。たしかにこれはデザインされたものではない。自然にできたほうは「シンプル」なもので、偶然の産物です。

これまで、デザインされた物とそうでないシンプルな物というふうに分けてきました。

自然に作られた「デザイノイド」物体は、非常に複雑だ

ここで新たに、より広くかつ重要なカテゴリーを導入したい。それらは、シンプルな物でもデザインされた物でもないのですが、有無を言わさず、あたかもデザインされたかのように見える。これらの物をまとめて「デザイノイド」物体と呼ぶことにします。

「デザイノイド」物体は一見デザインされたようにみえますが、あとで説明するように、まったく異なるプロセスからそのような形になっています。今すぐには「デザイノイド」物体をデザインされた物でないと認識するのは難しいでしょうが、ちょっと辛抱を。

まず最初の「デザイノイド」物体を見てみましょう。これは大蛇（ボア）ですが、素晴らしい「デザイノイド」物体で（図2-13）、一見何らかの目的のためにデザインされたようにみえる。目的のひとつは、自分の体に見合わない大きな獲物を飲み込むというものです。頭

蓋骨は表皮の内側で外れるようになっていて、頭部が元の何倍もの大きさに膨れ上がることができる。そして口の裂け目が大きく開いて、想像以上の大きな獲物を飲み込むことができるようになっています。

表皮はきれいなまだら模様で、森の中では優れたカモフラージュ効果を発揮する。蛇は進化の過程で足を失いました。爬虫類には進化過程で足を失った種類がたくさんあります。

ボアは獲物を絞めて窒息させるのを得意としている。外見だけでは、ボアやほかの生物がいかに素晴らしく複雑な構造をしているか、うかがい知ることはできないけれど、ボアのような生きとし生けるものは、単に顕微鏡より複雑だというにとどまらず、実は顕微鏡の何十億倍も複雑なのです。

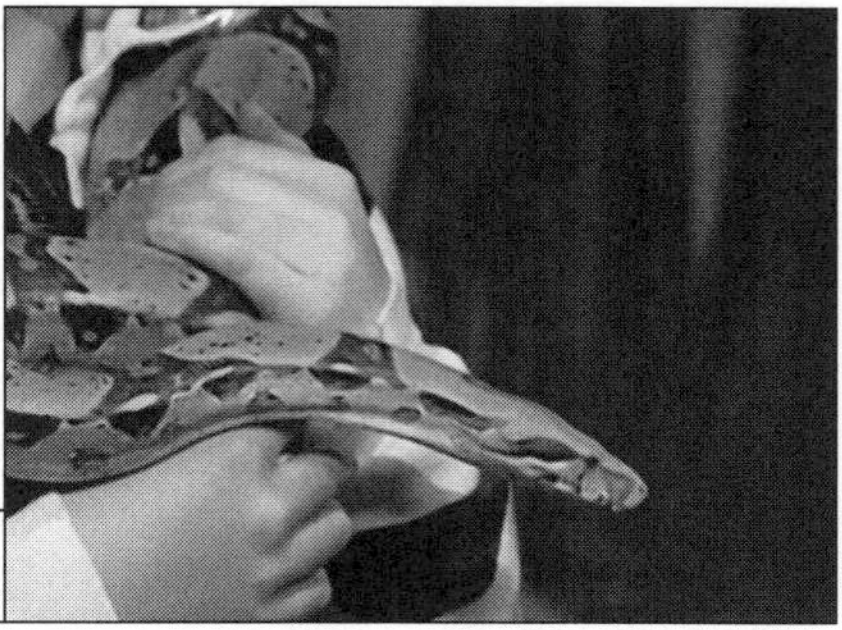

2-13

すばらしき「デザイノイド」物体:植物瓶から動物のカモフラージュまで

水瓶に話を戻しましょう。先ほどデザインされた瓶と、自然に作られたシンプルな瓶を見ましたが、ここにあるのは「デザイノイド」の瓶で、これは食虫植物(pitcher plant:ウツボカズラの仲間)です(図2-14)。中には水が入っていて昆虫の罠になっており、昆虫はこの罠に落ちて溺れてしま

2-14

2-15

★2-16

うようになっている。

　この植物瓶は、はじめはこんな格好です（図2-15）。まず葉として始まり、次に穴ができてくる（図2-16）。若い水瓶です。それから完全な水瓶になる（図2-17）。ハエが縁まで登っています。頂上に滑りやすい部分があって、ハエは中の水に滑り落ち、やがてハエの成分は植物に吸収されてしまうのです。

　食虫植物は大変よくデザインされた物、よくできた水瓶のように見えます。ためられる水の量を瓶に使われた植物材料の重さで割って、デザイン効率を調べてみれば、素晴らしく効率の良い瓶であることがわかる。しかしその瓶を切ってみると、中が大変複雑な構造をしていることもわかるでしょう。これは食虫植物の細胞内部を電子顕微鏡で見たものです（図2−18）。その複雑さがわかるでしょう。

　興味深いのは、この内部構造がたくさんの酸素を作り出して、瓶の中の水に放出するようになっているということです。これは、瓶の中の水に棲《す》んでいるたくさんの種々雑多な小さなウジ虫などの昆虫にとって、有用になる。彼らは中で一体何をしているのか。食虫植物が昆虫を食べるといっても、植物自体には歯がないので、瓶に落ちた昆虫をそのまま食べることはできない。

　そこで食虫植物は、瓶の水の中のウジ虫たちの歯を借ります。水に落ちた昆虫をまずウジ虫たちが食べ、最終的にはウジ虫たちの排泄物を食虫

2−17

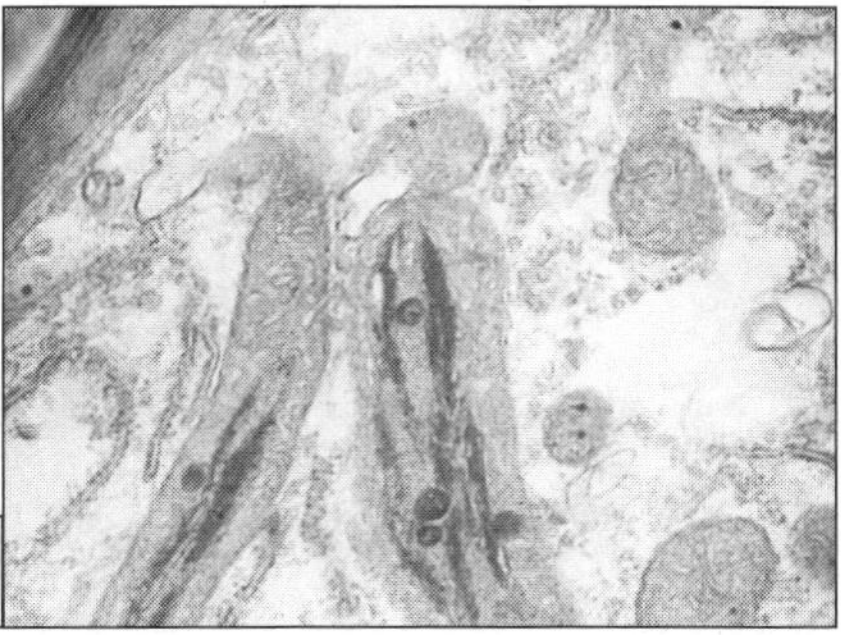
2−18

2-19

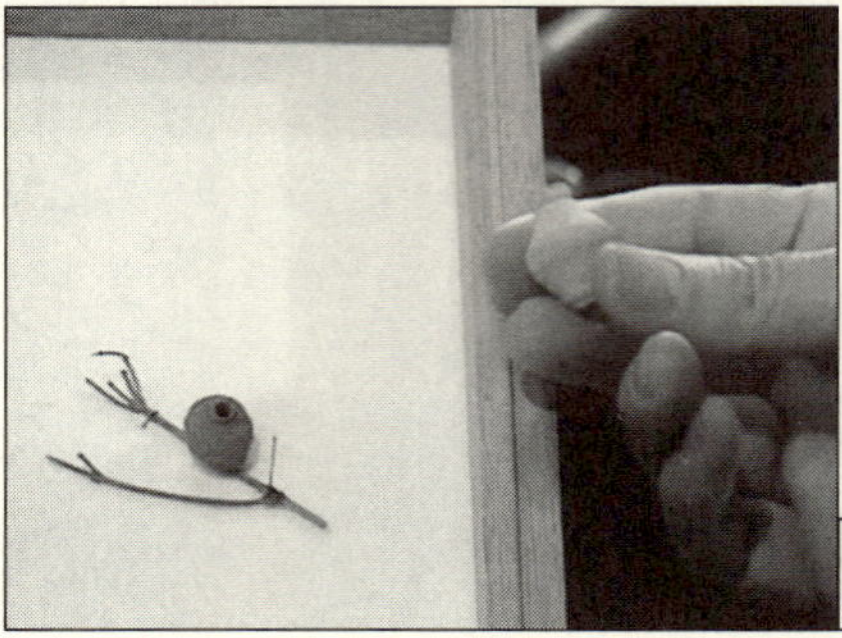
2-20

植物が吸収する。ですから食虫植物もほかの植物と同じく、結果として肥料を餌にしていることになる。食虫植物は、昆虫を誘惑し、瓶の中のウジ虫たちに彼らが好んで棲む酸素のたっぷり入ったきれいな水環境を提供することで、自分の肥料を確保しているのです。

こちらはトックリバチ（potter wasp）の作った瓶（図2-19）。これは単独行動型のハチで、ミツバチのような巣作りをする群居型のハチとは異なります。トックリバチは、メスが泥からこのような瓶を作り、その中に卵を産み、中で幼虫が成長する。デザインされた瓶と実によく似た美しい形をしています。こちらはメキシコで作られたデザインされた瓶ですが（図2-20）、トックリバチの瓶といかによく似ているかわかるでしょう。

こちらはツツハナバチ（mason bee）が作った、実に精巧な小さな瓶です（図2-21）。トックリバチの瓶と同じ目的で使われますが、異なる構造になっている。まるで人間が作った家のようです。メスのハチが小さな石を集めてきて、それらをまるでセメントで固めるように固めてこの素晴らしい瓶を作った。たった一つの瓶しか見えないけれど、そこで話は終わりではなく、その下にあと四つの瓶があって、ハチが川から粘土を持ってきて上塗りし、上手に隠しています。粘土は、瓶が置いてある石と同じ色と質感を持っているので、ハチの敵が来て（最初の瓶の中の）幼虫を食べたとしても、その下にまだ瓶が四つも隠れていようとは、ゆめゆめ思わないでしょう。

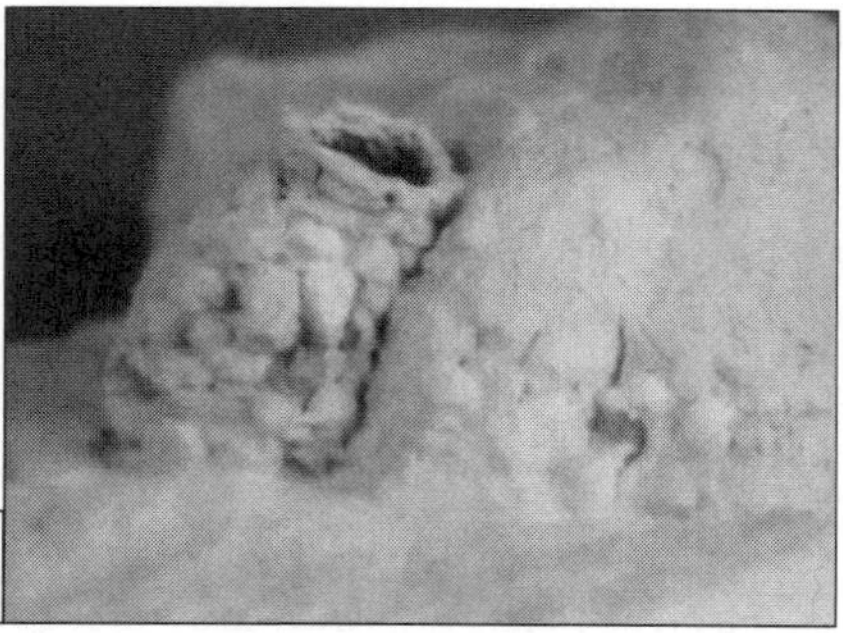
2-21

これは素晴らしい「デザイノイド」建築の例です（図2-22）。エイヴベリーやストーンヘンジにあるかのようなこれらの巨大な石の塔は、オーストラリアのコンパスシロアリが作ったもの。巨大な建築物で、まるでアパート群のようです。シロアリのスケールから見れば確かにアパート

2-22

群でしょう。そしてすべての建物が、例外なく南北にそって建てられている。そうすることで、朝の光を建物の片側に浴び、夕の光をもう片側に浴びて、一日のうち比較的涼しい朝夕には太陽の光で温まり、日中の最も暑いときは、光が頂上のみを照らすのでそれほど暑くならずにすむという、巧妙な作りになっています。だから彼らはコンパスシロアリという名で呼ばれていて、砂漠に行ったときは彼らの巣を見れば、どちらの方角が南北であるかがわかるのです。

さらに大きなのは別のシロアリの巣です（図２－23）。どんなに大きいかわかるでしょう。これは最も巨大なものです。ドイツの動物行動学者カール・フォン・フリッシュは、「もし人間がシロアリと同じスケールで建造物を建てたとしたら、エンパイアーステートビルの四倍の高さになるだろう」と言っているくらい。シロアリはみごとな建築家です。「デザイノイド」物体は本当に素晴らしくよくできています。

★２－23

このへんで動物がデザインした物体から目を離して、動物自身の外見のデザインについて見てみることにしましょう。まずカモフラージュから。

砂漠を歩いていて、これを一目見たらおそらく石だと思うでしょう（図２－24）。でもこれは石ではなく、バッタです。石に見えることを利用して自分を守っている。

こちらはまるで海藻のように見える（図2‐25）。「デザイノイド」物体の中でも私の大好きな物のひとつです。これは本当は魚で、リーフィーシードラゴン（ヨウジウオ亜科）。矢印は右から、頭、首、体をそれぞれ指しています。たくさん突き出ているヒラヒラは魚の体の一部ですが、見た人は誰でも海藻の一部だと思うでしょう。まったく海藻と見まがう姿ですが、このリーフィーシードラゴンはちょうど同じような形をした海藻の中に隠れて、完全にカモフラージュしてしまう。

2‐24

★ 2‐25

2‐26

2-27

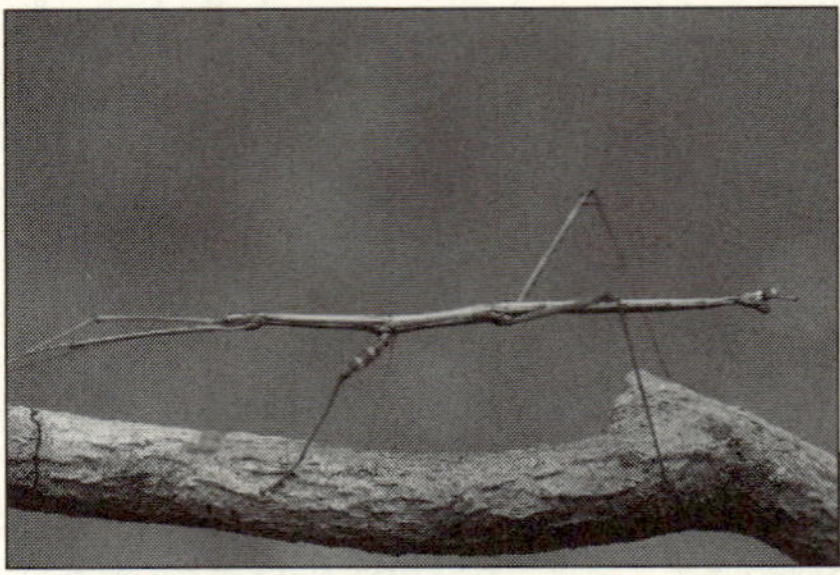
2-28

★ 2-29

　続けていくつか例を見てみます。これはコノハカマキリ（図2－26）。胸部の上に盾状のものがあって、その先に頭があり、動いていないときは言うに及ばず、動いているときでさえ葉っぱのように見える。こちらも植物のように見えるけれど、緑色の蛇です（図2－27）。またこっちは、ちょうど長い緑の茎の先に蕾がついている植物のようですが、蕾の先をよく見ると眼と触角と脚があり、ナナフシ（stick insect）だったことがわかります（図2－28）。
　こちらにある秋の枯葉を見てください（図2－29）。葉の中央と両側に広がる葉脈もあります。黒っぽい色をしたカビによるしみまでついていますが、これらは枯葉ではなく蝶です。翅を広げるとこういうふうに見えます（図2-30）。止まっているときはいつも翅を閉じているので、翅の裏側しか見えない。ですから枯葉でないことを見極めるのはほとんど不可能です。翅を広げたときだけ、この鮮やかな色を垣間見ることができます。

カモフラージュする動物は、食べることのできない物体に姿が似ています。

2-30

収斂《しゅうれん》進化：同じような目的をもった物体は似てくる

「デザイノイド」物体は、また別の理由でほかの「デザイノイド」物体に似ていることがあります。同じような仕事をしているから似てくる。これを「収斂進化」（convergent evolution）と呼んでいます。

これは普通のハリネズミです（図2-31）。こちらはハリネズミとはまったく関係ないものですが、外見が似ている（図2-32）。これはハリモグラ。哺乳類に分類されているけれど、卵生の原始的な哺乳類で、オーストラリアやニューギニアに生息しています。その生活ぶりはハリネズミとはだいぶ異なっている。こちらはアリを食べるのですが、ハリネズミのほうは昆虫やミミズなど、もっといろいろな物を食べる。ただ

2-31

2-32

両方ともトゲトゲの外皮で敵から身を守っているので、表面的には姿が似ています。収斂進化の良い例です。

収斂進化のもっと良い例は、フクロオオカミ（marsupial wolf）と呼ばれるものです（図2-33）。もしこれが綱に引かれて道を歩いているのを見たら、犬だと思うでしょう。ちょっと変わった犬だと。尻部がこういう形になっている犬はそう多くいない。しかしこれは犬とはまったく異なるものです。有袋類で、カンガルーや、ウォンバット、コアラなどにずっと近い。残念ながら現在では絶滅してしまいました。オーストラリアでは何千年も前に絶滅していますが、タスマニアではごく最近、二〇世紀に絶滅しました。

犬に似ているのは、犬と同じ仕事つまり、獲物を追いかけ追い詰めていくという役割を担っていたから。体の中の構造も犬に似ている。これは犬の頭蓋骨で、こちらはフクロオオカミの頭蓋骨です（図2-34）。フクロオオカミのほうが少し大きいですが、頭蓋骨のサイズは身体の大きさに依存し、犬の頭蓋骨にはもっと大きなものもあるので、大きさは問題ではありません。犬ではなくフクロオオカミの頭蓋骨であるということをハッキリと確かめるには、口の中を見て、上あごに二つ穴が開いているほうが、フクロオオカミです（図の左）。犬の頭蓋骨の上あごにはこの穴は開いていませんから。これは「デザイノイド」物体の収斂進化ということになります。

デザインされた物も、同じ仕事をする目的で作られた場合、形が似てくることがあります。どの航空機も形が似ているのは、産業スパイや模倣行為のせいではありません。たくさんの旅客を乗せて空を速く飛ぶという目的のために航空機をデザインすると、多かれ少なかれ似たような形になります。犬とフクロオオカミが似てきたのと同じように。

2-33

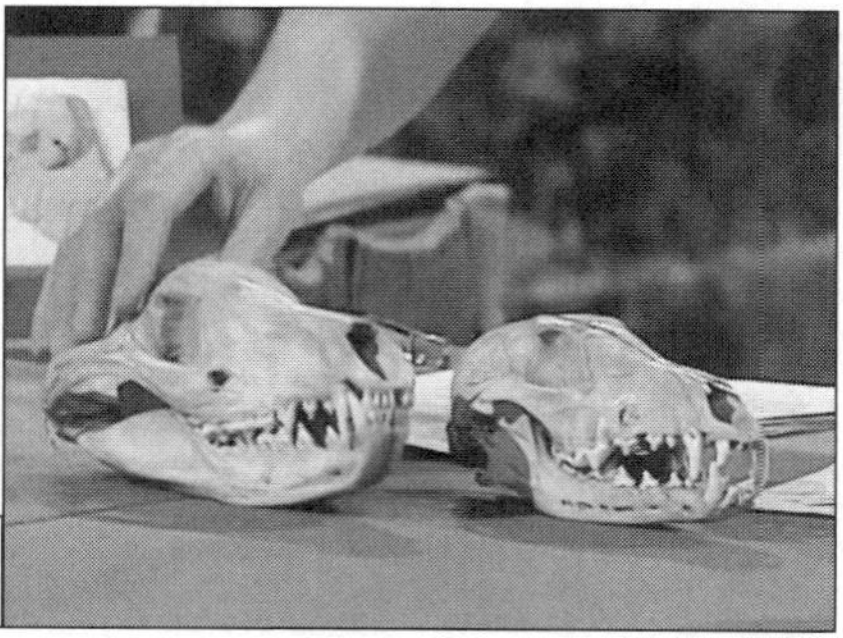

2-34

自然選択によって、「デザイノイド」物体はデザインされたような形になる

「デザイノイド」物体同士の収斂（相似）と、デザインさ

2-35

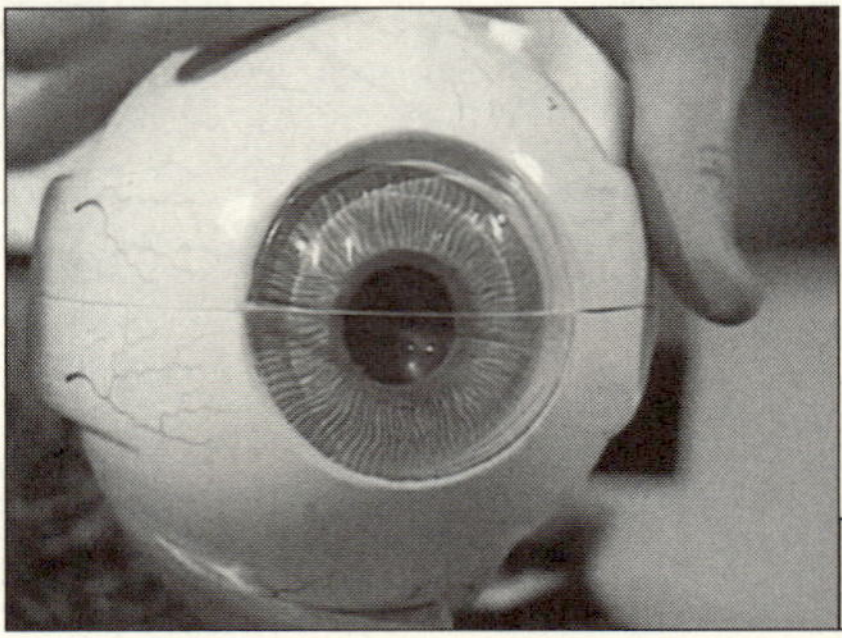

2-36

れた物同士の収斂（相似）を見てきました。では、デザインされた物と「デザイノイド」物体との収斂はどうでしょうか。

これはカメラのレンズですからデザインされた物（図2-35）。こちらは目ですから「デザイノイド」物体（図2-36）。両者とも似たような働きをします。両方ともレンズが前にあり、それを通してその裏側にある光を感受する表面に像を結ぶ。目の場合、光を感ずる表面は網膜と呼ばれ、カメラの場合、それがフィルムになる。さらに細かい相似も見られます。両者とも、入る光の量を調節するアイリス絞りがある。自動カメラの場合は、明るくなれば絞りの穴が縮まり暗くなれば広がるというように、露出計によって入る光の量が自動的に調節される。「明るくなったら穴を小さくして、暗くなったら大きくしなさい」と。人間の目にも、自動露出計が付いています。

ほかにも、あたかも人間の技術者がデザインしたかのような生物の例がたくさんあります。とにかく生きている物は特別な存在なのだということを感じてもらえたでしょうか。あたかもそれらはデザインされたもののように見える。私は「デザイノイド」と呼んでいます。「デザインされた」という言葉は思わず使いたくなってしまいます。たとえばかなり意識して避けないと、「アマツバメは、高速で自由自在に飛べるように体がデザインされている」というような表現を、つい使ってしまう。実際、生物学者同士で話をする際には、お互いよくわかっているので、お構いなく「デザインされた」という表現を用いたりしています。

アメリカの偉大な哲学者ダニエル・デネットは「デザイノイド」という言葉を使わずに「デザインされた」と言ってしまおうと提案しています。その意見もわかりますが、ここでは「デザイノイド」という言い方で通します。

外見上デザインされたようにみえる「デザイノイド」物体というものが存在するためには、特別なプロセスが必要です。そのプロセスとは一体何か。

この問いに対する答えは、ごく最近、すなわち一九世紀の半ばに発見されました。この歴史上最も偉大な発見の一つは、史上最も優れた科学者の一人であるチャールズ・ロバート・ダーウィンによってなされました（図2－37）。

驚くことにダーウィンは、自然選択による進化の原理を発見したずいぶん後になってから、あの有名な本『種の起源』を著しました（図2－38）。その中でダーウィンは「自然選択」についての議論を、別のプロセスである「人為選択」すなわち「選択交配」の話から始めています。

人為選択：キャベツ、犬、ハト

ここにある野菜はすべて、人間の育種家によってさまざまな食用目的で育てられたものです（図2-39）。これらは普通のキャベツ、カリフラワー、紫キャベツ、ブロッコリ、芽キャベツ、カブキャベツです。これらはすべて、原種となった野生のキャベツ（図2-40）から、それぞれの特徴を強調することでできてきました。たとえばカブキャベツは、茎が異常に太くなったもの、カリフラワーは花が大きくなったもの、ブロッコリも少し違った意味で花が大きくなったもの。これらはみんな過去二〇〇〇年くらいのあいだに、野生キャベツから由来してできてきたものです。野生キャベツが原種です

2-37

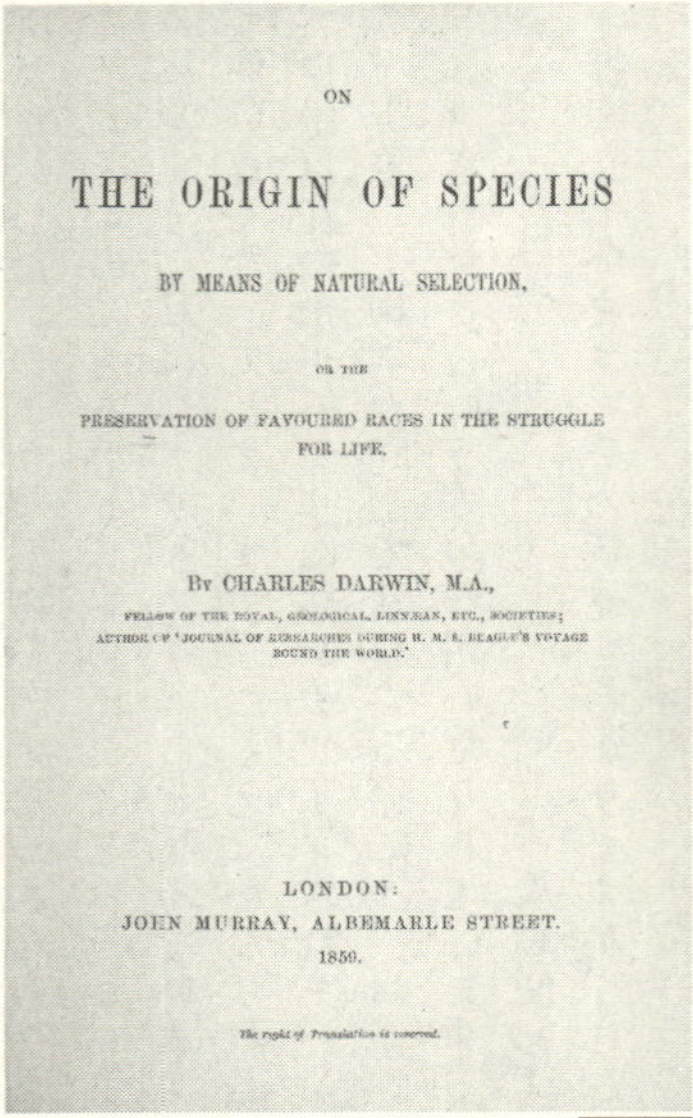

ON

THE ORIGIN OF SPECIES

BY MEANS OF NATURAL SELECTION,

OR THE

PRESERVATION OF FAVOURED RACES IN THE STRUGGLE FOR LIFE.

By CHARLES DARWIN, M.A.,

FELLOW OF THE ROYAL, GEOLOGICAL, LINNÆAN, ETC., SOCIETIES; AUTHOR OF 'JOURNAL OF RESEARCHES DURING H. M. S. BEAGLE'S VOYAGE ROUND THE WORLD.'

LONDON:
JOHN MURRAY, ALBEMARLE STREET.
1859.

The right of Translation is reserved.

2-38

が、原種とはだいぶ異なっています。

あらゆる品種の飼育犬は、同じ野生原種すなわちオオカミからできてきたものです（図2-41）。それぞれの犬はずいぶん違って見えるので、同じ種に属するとは思えないかもしれないけれど、実際、すべてオオカミから分かれてきたのです。では、オオカミからこういったたくさんの種類の犬を作り出してきた「人為選択」ないし「選択交配」というのは、一体どういうものなのでしょう。

2-39

2-40

手短に言うと、まず野生原種であるオオカミから始まります。話を簡単にするために、このホールの左側に座っている人たちは全員、より小さいオオカミを飼育するよう努め、ホールの右側に座っている人はみな、より大きいオオカミを飼育するよう努めるとしましょう。オオカミに子供が生まれるたびに、小型を目指しているほうの人は、より小さ

2-41

2-42

い子オオカミを選択して、その子オオカミから次の世代を作るようにし、大型を目指しているほうの人は、より大きい子オオカミから次世代を作るようにする。

　そこから長い時間、世代に次ぐ世代を経て、小型を目指す人はより小さいオオカミ同士を掛け合わせ、大型を目指す人はより大きいオオカミ同士を掛け合わせていく。そうしておそらく何百、何千というたくさんの世代を経て、すなわち二〇〇〇年以上もこの「選択交配」を繰り返すと、異なる犬の異なる形質の制御には遺伝子が関与しているので、次のような結果となるでしょう。

　これらはチワワです（図2-42）。一方は毛並みがなめらかで、もう一方は毛がふさふさしていますが、両方ともごく最近野生のオオカミから分かれてきました。これはジャーマン・シェパード（図2-43）。おそらくこれが最も原型のオオカミに似ているでしょう。こちらはグレートデーン（図2－44）。より大型の犬を目指して交配していくとこうなります。これらはみな、オオカミから分かれてきたので、お互い親類関係にあります。チャールズ・ダーウィンは犬にとても興味を持っていた。またハトにも大変興味を持っていました。

　これはマーチェネロ・クロッパー（marchenero cropper）（図2－45）。人為選択によって野生のカワラバト（rock dove）（図2－46）から交配されたハトの一種ですが、この場合は

2－43

2－44

2－45

2-46

2-47

羽の厚さとそ嚢（食道が袋状になった部分で、「餌袋」とも呼ばれる）の大きさを対象に選択されてきました。大きなそ嚢があり分厚い羽毛に被《おお》われているのがわかるでしょう。

こちらはドバト（domestic flight pigeon）（図2-47）。首の後ろにあるえり羽と眼を囲む赤い輪を対象に、交配されたものです。もうひとつは、イングリッシュ短顔タンブラー（English short-faced tumbler pigeon）（図2-48）。異常に短い顔と、ごく短いくちばしに気づかれるでしょう。これも、犬やキャベツと同様に、「人為選択」の結果できたものです。

イングリッシュ・タンブラーの場合、くちばしが異常に短いので、自分のヒナに餌を与えることができない。したがって、ヒナに餌をやる唯一の方法は、ほかの品種のハトにやってもらうことです。人為選択によって作られた動物には、往々にしてこういうことが起こります。ブルドッグも同様（図2-49）。ブルドッグは頭が大きくなりすぎて、自然分娩では子供を産むことができず、帝王切開しなければならない。つまり、人間に頼ってかろうじて存続しつづけているので、人間が絶滅すればブルドッグも絶滅してしまいます。

人為選択のコンピュータモデル

こういった犬や、ハトや、キャベツを作り出した人為選択の過程は非常にゆっくりなので、今実際に見せることはできませんが、「アースロモルフ」（Arthromorphs）というコンピュータ・プログラムを使って、シミュレートすることはできる。

これらが「アースロモルフ」です（図2-50）。中央にあるのが親の「アースロモルフ」で、その周りをぐるっと取り囲んでいる八つが、子供の「アースロモルフ」。どの

2-48

2-49

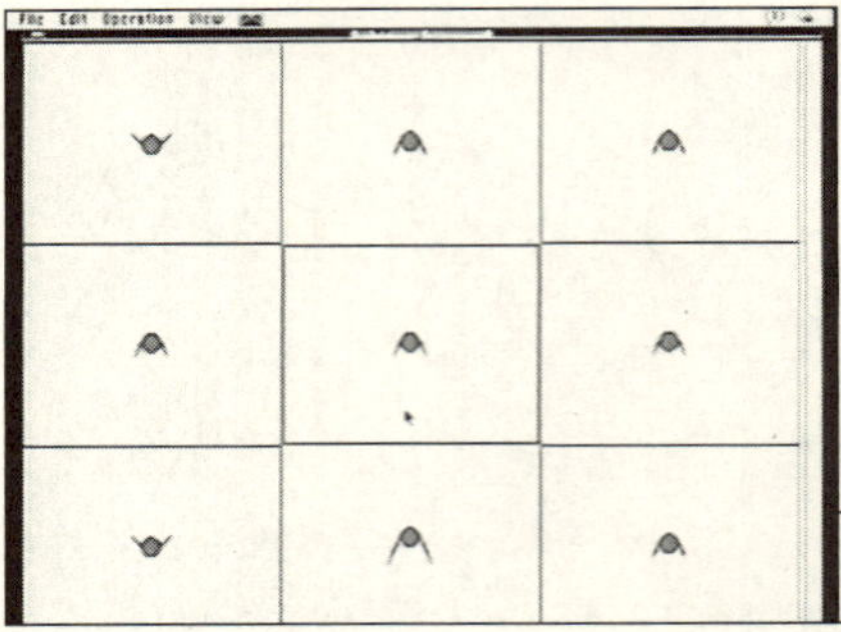
2-50

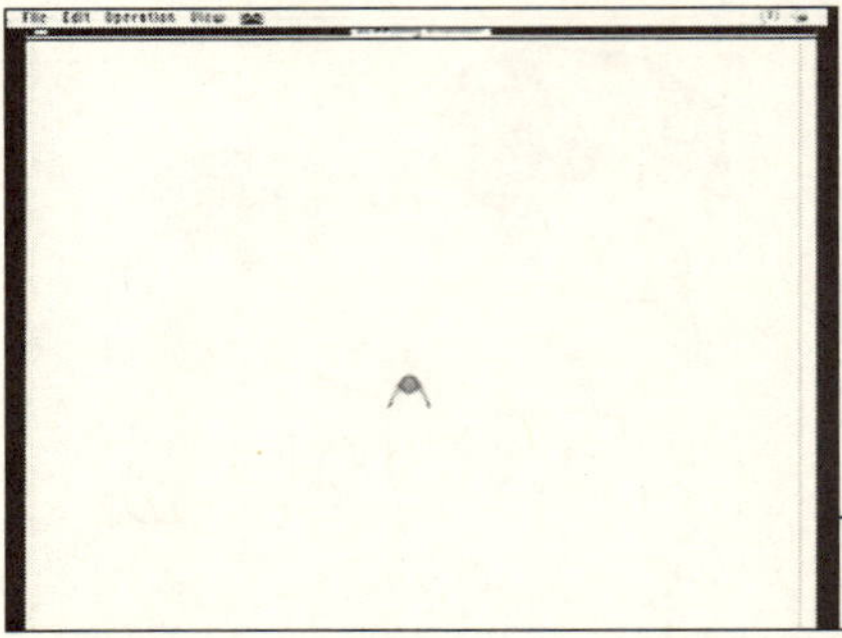
2-51

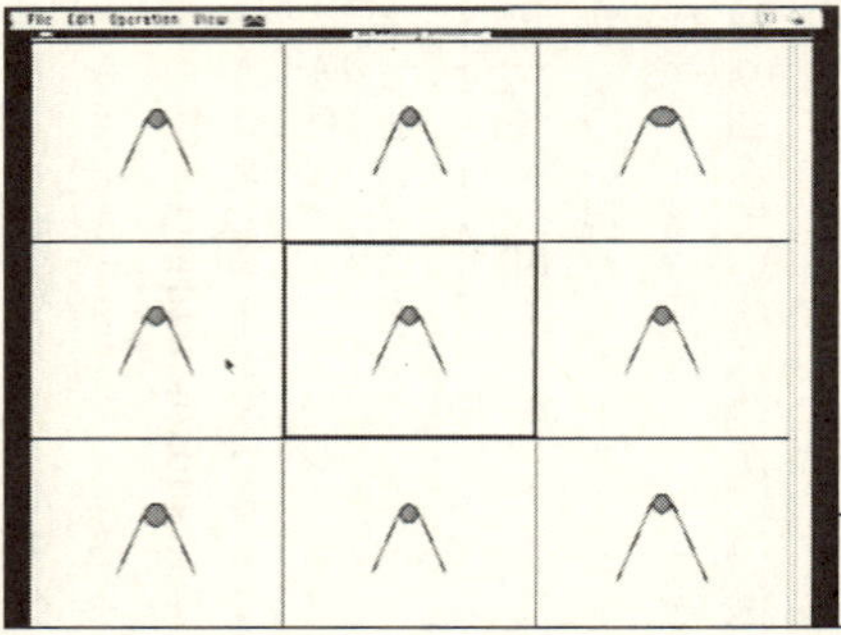
2-52

子供も親に非常によく似ていますが、親から子供が作られる際に、たとえばやや長い足を持っているとか、足が下向きでなくて上向きになるといったような、多少のランダムな遺伝的変化、すなわち突然変異が起こる可能性を入れてあります。

八つの子供アースロモルフのうちの一つをクリックすると、それが選択されて、次の世代の親になる（図2-51）。たとえば長い足の子供をクリックすると、それが中央に移動して次世代の親になるので、次世代の子供はみな長い足になる。世代を経るごとに長い足を選択し

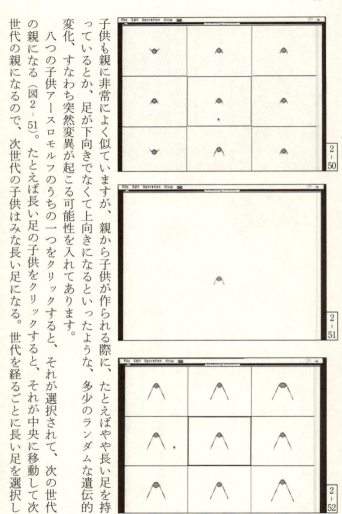

つづけると、足はどんどん長くなっていく(図2−52)。

親から子供に遺伝子が伝わると言いましたが、コンピュータの中の遺伝子とはどういう意味でしょう。コンピュータの中ですから、遺伝子はもちろんDNAではなく、数字でできていますが、世代から世代へと受け継がれていくという意味では、遺伝子ということになるし、これらがスクリーン上の体型を決定します。これらのアースロモルフには性がなく、アブラムシやナナフシと同じように無性生殖で増殖していきます。

ここで展開しているのは、われわれの祖先が犬やハトでやったのと同じ「人為選択」の過程です。祖先が何世紀もかけて達成したことを数分でシミュレートしてしまったのです。

ここまで見てきて、「人為選択」はうまくいくということがわかったでしょう。犬やキャベツやハトで実際に行なわれた結果を見たし、コンピュータの「アースロモルフ」を使って、どういうことが起こるか見てきました。この「人為選択」の話から始めたのは、「自然選択」について話をするためです。

自然選択

「自然選択」というのは「人為選択」とほぼ同じですが、ただ選択を行なうのが人間ではなく自然であるという点が異なります。われわれがするように意識的に選択が行なわれるのではなく、それが自然に起こるということです。

すべての子オオカミの中から、どの子を選択するかは、人間ではなく自然が決める。生き残れるものが繁殖することになり、選択は自動的になされる。足が長すぎもせず短すぎもせず、よって速く走れるものが生き残って繁殖し、歯が鈍すぎもせず鋭すぎもしないものが残る。鋭すぎるとすぐ割れてしまいますから。

自然は常に、どの個体が生き残って繁殖していくかを選択しています。したがって、何世代も続いた「自然選択」の結果は、ちょうど何世代も続いた「人為選択」の結果と同じようになります。

「アースロモルフ」を、「人為選択」ではなく「自然選択」をシミュレートするプログラムに変えるにはどうしたらいいか。「アースロモルフ」は、人間が目で見て選択を行なっているわけですが、コンピュータ自身が、アースロモルフの「資質」に基づいて、選択を自動的に行なうようにできないか。ここで問題となるのは、アースロモルフの敵となる動物、餌となる動物、捕らえなければならない食物などを含めた、彼らが住んでいる環境というものが、コンピュータ上に存在しないことです。

自然選択のコンピュータモデル

二次元の「デザイノイド」物体、たとえばクモの巣のコンピュータモデルを作ったほうが、より目的に近づけると思います。ここにあるのはクモの巣で、その中央にクモがいます（図2－53）。クモの巣はハエやほかの獲物を捕らえるために作られる、二次元の網状のものです。クモがどのようにして巣を編み出していくか、コンピュータで再現したものをお見せします。

まず放射線状の糸をつむぐ（図2－54）。次に巣の構造の基盤となるようスパイラル状に糸を引く（図2－55）。足場を作るわけです。そして最後はハエを捕らえるための、ベトベトした糸をぐるぐると引きまわす（図2－56）。これらの図は、ある一匹のクモの、ある一日の実際の動きをいったんコンピュータに記録し、それを再現したもの。つまりこれはある一匹のクモの動きの実録です。

一方、クモの巣をもとにした「アースロモルフ」のようなプログラムを作るためには、コ

2－53

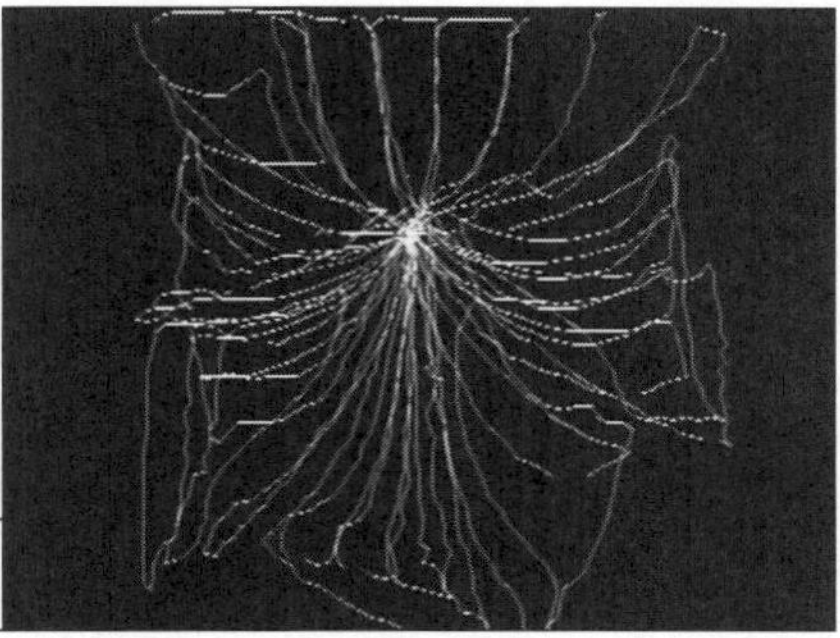

2－54

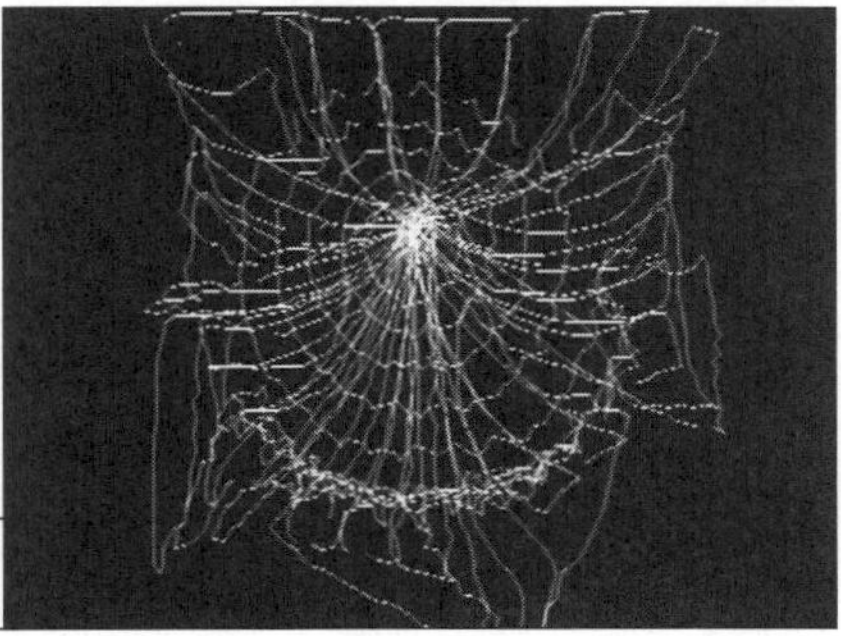

2－55

2-56

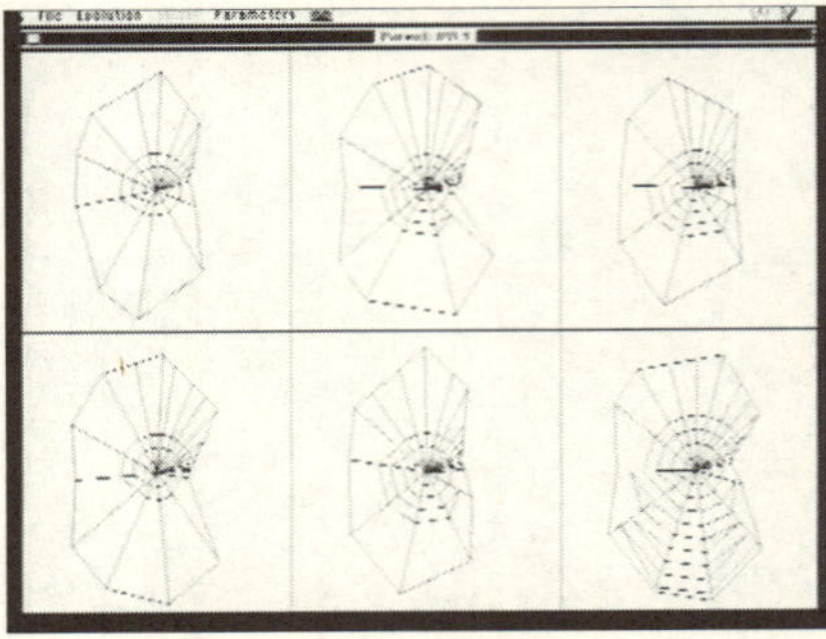

2-57

ンピュータ自身にクモのように行動してもらう必要がある。これはピーター・フックスが作った、コンピュータ自身がクモのように巣を編み出すプログラムです。このプログラムの中に、今見てきたようなクモの巣作りの手順が入っているので、コンピュータは放射線状の糸をつむいだあと、スパイラル状に糸をつむいでいきます（図2-57）。

「アースロモルフ」のときと同じように、ピーターはコンピュータによるクモの巣作りの手順の中に、遺伝的制御を組み込みました。「アースロモルフ」の場合と同じように、遺伝子は数字の形で入っています。上段左端にあるのが親グモが作った巣で、ほかは娘グモたちが作った巣です（図2-58）。

「アースロモルフ」の場合と同じようにこのプログラムを作動させることができます。どれか一つ娘グモの巣を選択すると、その巣が上段左端に移動して次世代の親グモの巣となり、新たな娘グモの巣ができてくる。次にその娘グモの巣の中から、次世代の親を選んでいく(図2-59)。

しかし、ここで「人為選択」を繰り返すつもりはありません。クモの巣モデルを使った本来の目的は、「自然選択」の過程を示すことでした。そのためには、それぞれの娘グモの巣がどれくらいハエを捕らえるのに優れているか、コンピュータが測る必要があります。「アースロモルフ」と違って、クモの巣は二次元構造をしており、ハエを捕らえるという目的を持っていることがわかっているので、巣の性能は、捕らえられたハエの数（ベネフィット）と巣を作るために使った糸の量（コスト）とで割り出すことができるはずです。

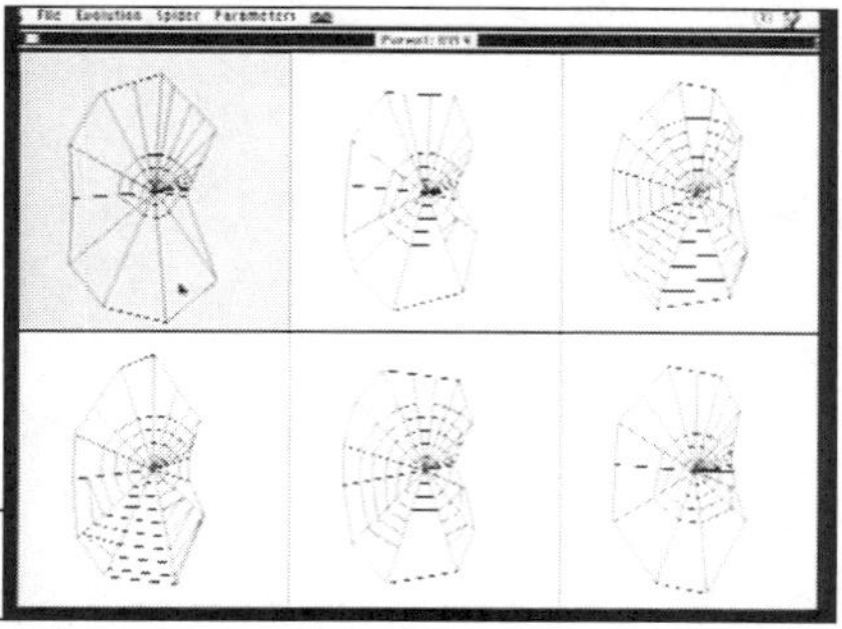

2-58

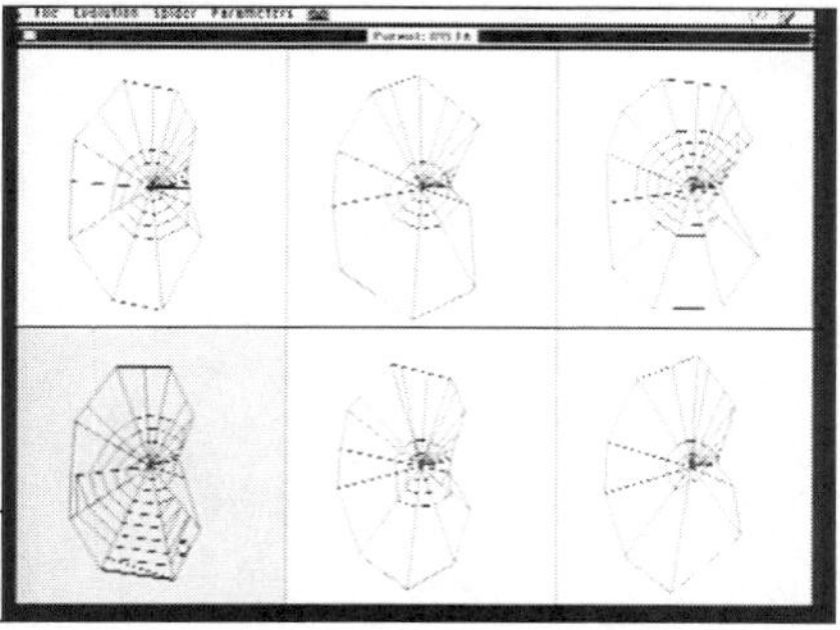

2-59

これでもう人間が選択しなくとも、ハエが巣を選択してくれることになりました。まず新たに巣が作られる。それらの巣に向かってハエが飛んでいく(図2-60)。コンピュ

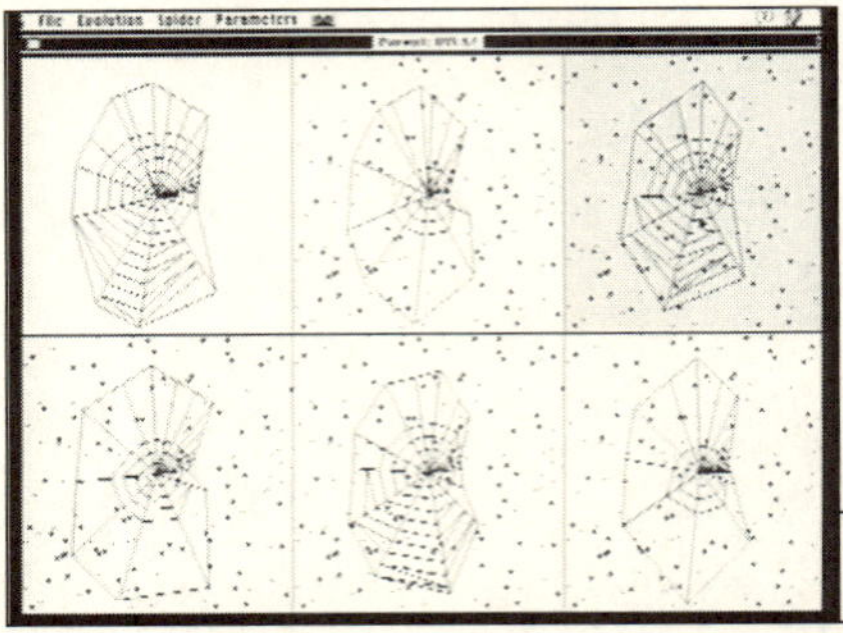

2-60

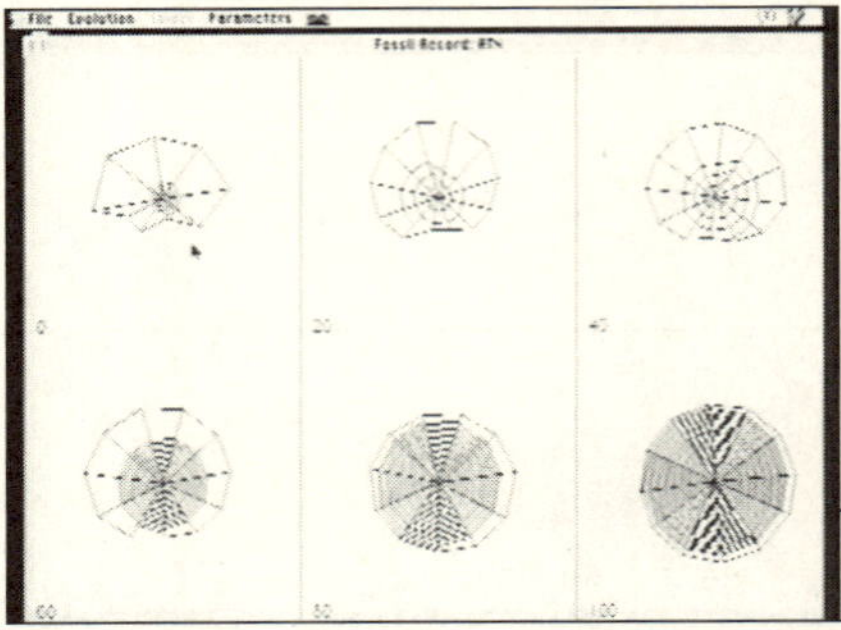

2-61

ータは、どの巣が一番たくさんのハエを効率よく捕らえたかを割り出し、最も効率の良い巣を選んで次の世代の親巣にする。

ほとんどスカスカの巣の形から、非常に性能の良い見事な巣が進化してくるまでに、それほど長くはかかりません。〇世代が最初の巣です。二〇世代ごとに巣の形をプリントアウトしてみました（図2-61）。ごらんのように、スカスカの巣から始まっているので、このころハエたちは、ほとんどまったく捕まらずに通り過ぎただろうと想像できます。しかし、コンピュータ上の「自然選択」によって、次第に巣の性能が上がっていき、スパイラル状の糸の数が増えるとともに、捕まるハエの数も増えていって、結局、たくさんのハエを捕らえる、みっしりと糸が張られた充実した巣の形を作る方向へと、進化していきます。

「デザイノイド」物体は、自然選択によって進化していく

これは、自然の中では何百万年もかかる進化の過程を、コンピュータ上であっという間に凝縮して示したわけです。

自然の中では、もちろん、成功する巣としない巣は、何匹ハエを捕らえたかコンピュータが計算することによって決まってくるのではありません。どの巣が成功するかは、何の考えもなく自動的に、ハエ自身によって決められていく。巣に突入するハエたちによって、どの巣が残るかが決められます。

自分たちが巣の成功率を決めていることを、ハエは知りません。別に巣に飛び込みたいと思っているわけでもなく、ハエが不注意に巣に飛び入ってしまうことで、そういうハエ捕りに成功した巣を作ったクモが、より繁殖しやすくなり、そういう巣作りの遺伝子を次世代に残しやすくなるというわけです。

こうして、コンピュータ上で見たように、世代を経るごとに巣はより効率の良いものになっていく。これがクモの巣の「自然選択」であり、まったく同じ原理が、すべての生きとし生けるものに働く。すべてのライオン、トラ、ラクダ、犬、人間、キリンにです。みな同じ「自然選択」によって進化してきたものです。

「創造説」を斬る

このダーウィンの見解に代わる考え方の中で、最も流布しているのが「創造説

（Creationism）」です。「創造説」論者は、「デザイノイド」物体は実際にデザインされたものだと信じています。デザインされた物と「デザイノイド」物体との違いは、前者が人間がデザインしたものであるのに対し、後者は創造主（神）がデザインしたものだというわけです。「創造説」論者がよく使うのは、助祭長ウィリアム・ペイリーが、一八〇二年に著した『自然神学』という本の中で解説して有名になった「創造論」です。ペイリーは本のはじめにこう言っています。

「荒野を行く際、石につまずいて、なぜこんなところに石があるのだろうと問うたとしよう。それに対してはおそらく、ここに永久に置かれていたのだとしか答えようがないだろう」

つまり、石というものはただそこに存在しているのであって、その存在そのものはなんら説明を必要としないものだというわけです。

続けてこう言っています。

「しかし、私がたまたま懐中時計につまずいたとしよう。懐中時計を拾い上げて中を開けて見ると、機械があって、歯車やらスプリングやらすべてがデザインされたように見受けられる。デザイナーがいたはずだ。時計職人がいたはずだ」

さらに、

「もし懐中時計が時計職人を必要とするなら、われわれ人間を含めた生物は、なおさらのこと神という神聖なる時計職人を必要とするはずだ」

と論ずる。ペイリーにとって、懐中時計がデザイナーを必要とするなら、われわれもデザイナーを必要とするという論理は、昼の後には夜が必ず来るがごとく、当然なことに見えたのです。

しかしもちろん、単に動物や植物にはデザイナーがいたように見える、というだけでは十分ではありません。この章の前半では、動物や植物があたかもデザインされたものであるかのように見えると話しました。けれど後半では、なぜそう見えるのかについて、別のもっと良い「自然選択」という説明方法があることを話してきました。

もちろんペイリーはダーウィンより前に生きていたので、こちらの説明方法を知る由《よし》もなかったのですが。いずれにしても、（ペイリー以前の）一八世紀の段階においてさえ、ダーウィンを知らずとも、ペイリーの論理が脆弱なものであるのを見抜くことは可能でした。

2-62

この点は、偉大な哲学者デイビッド・ヒュームによって指摘されています（図2-62）。ヒュームによれば、のちにペイリーが提唱するようなデザイン論というのは、「人間やゾウなどは、懐中時計のようにたくさんのパーツからできているので、複雑すぎて単なる偶然からは生まれるはずがない」というものです。デザイナー、時計職人、技術者がこれらの背景に存在するはずだと。しかし、時計職人、デザイナー、あるいは技術者が優秀であれば、生み出した物より以上に彼ら自身も複雑な存在であるはずです。ただ単にデザイナーをあてがうだけでは、物が存在する説明にはなりません。なぜなら、物以上に複雑で秩序ある存在であるデザイナー自身がなぜ存在するに至ったかも、同じように説明されなければならなくなってしまうから。

もし人間が、偶然に存在するにはあまりにも複雑な存在であるとすれば、あるいはアマツバメが、偶然に存在するにはあまりに複雑な存在であるとすると、人間を作り出した創造主自身はその一〇〇〇倍も、偶然に存在するにはあまりにも複雑な存在であるはずです。デザイン論（創造説）の立場では、あらゆる生物は偶然の産物であるはずがないということなので、同じように、あるいはさらにそれ以上に、創造主は偶然の産物であるはずがなく、より偉大なる大創造主を必要とし、その偉大なる大創造主はまたさらに偉大なる大々創造主を必要とする、といったことになってしまう。

デザイン論は一見説得力のある論理にみえますが、自分で墓穴を掘ってしまうのです。

ダーウィン進化論の最も重要な部分：自然選択の非偶然性（non-random process）

ダーウィンの自然選択による進化論のほうには、もちろんこのような問題は起こりません。ダーウィンの進化論は、偶然ということで物事を説明しないからです。ランダムな遺伝的突然変異という形では入ってきますが、ダーウィンの進化論の最も重要な部分は、偶然ではない「自然選択」というプロセスなのです。

もう一つ面白いのは、自然物すなわち「デザイノイド」物体には、実際のデザイナーによってデザインされたものにはありえないような「欠点」が入っているということです。

　これはヒラメの仲間で、オヒョウです（図2－63）。この祖先はその昔、普通の魚と同じように泳いでいたけれど、あるころから一方の側面を下にして、海底に張り付くようになった。そうすると、一方の目は砂をじかに見ることになり、もう一方の目だけが上を見ることになる。そして、ゆっくりとした進化の過程を経て、砂に面していたほうの目も頭の反対側に移動していき、上を見るようになった。その結果、オヒョウの頭はずいぶんと変形してしまいました。まるでピカソが描いた魚のような格好で、頭の片側に目が二つついているのです。

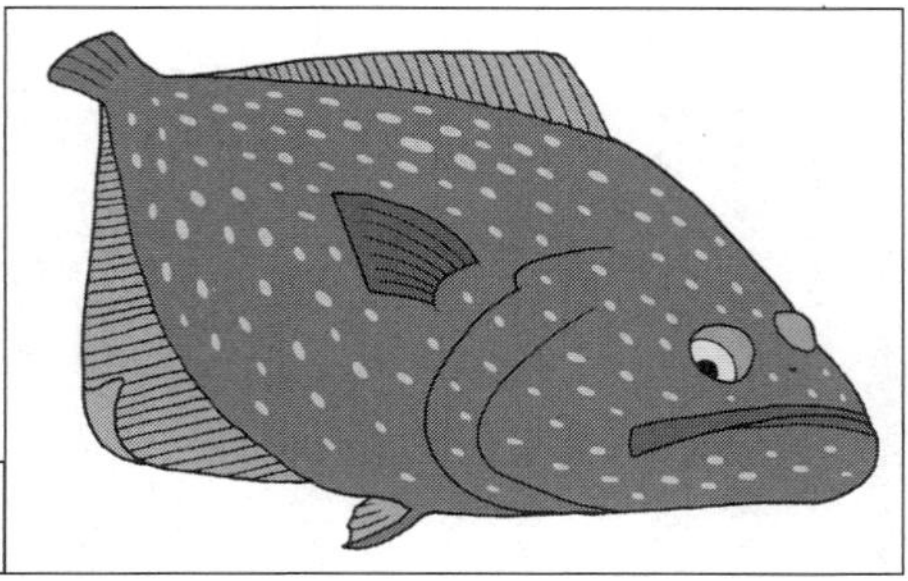
2－63

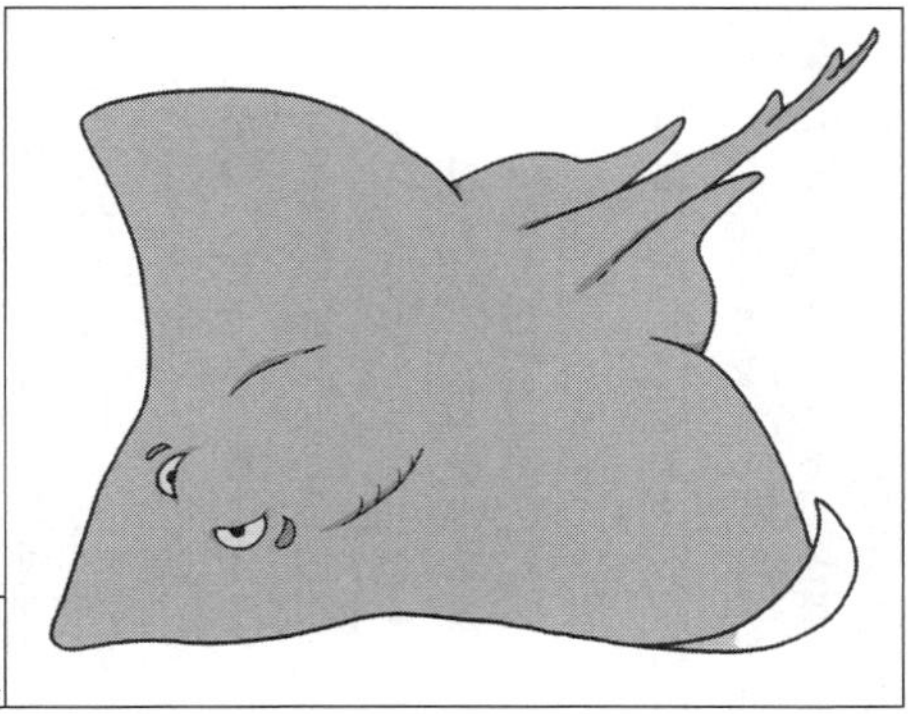
2－64

　もし優秀なデザイナーが意図的にカレイ類の魚をデザインするとしたら、オヒョウのような形ではなく、むしろ平べったくなったサメの一種であるガンギエイのような形にするでしょう（図2‐64）。この祖先は体を平べったくするにあたって、腹を下にして次第に両側が平らになっていったので、目も上を向いたままで、頭を変形する必要もなかった。おそらく、骨ばった刀のような体形をした魚たちと比べると、サメはもともと平べったいほうだったのでこうなったのでしょう。ちょっとしたきっかけから、オヒョウやシタビラメやツノガレイなど、刀のような体形をした魚の祖先は、片側を下にして海底に横になったので、変形を余儀なくされた。こういったデザイン上の欠点は、これらの動物が進化によって作られてきたものであるとすれば、ありえますが、もし意図的にデザインされたものだとすると、ほとんど考えられないことです。

「デザイノイド」物体は、ゆっくりとした進化によって作られる

進化はとてもシンプルなところから始まります。進化の始点は、結晶のようにシンプルなもの。そしてこのシンプルさが積み重なっていって、複雑なものへと変わっていく。ここではシンプルな基礎からスタートします。シンプルなものはわかりやすい。創造主のように複雑なものからスタートする必要はありません。このシンプルな基礎の上に、「デザイノイド」物体が「自然選択」によって作られていく。そしてこの「デザイノイド」物体が、人間の脳のように大きな脳を持って初めて、デザインするという行為が本当に現れてくる。

しかしなぜ私は人間だけが「デザインする」と言うのか。瓶を作るトックリバチや、ミツバチやクモや、泥で巣を作るカマドドリ（図2‐65）や同じように泥で巣を作る社会性スズ

2-65

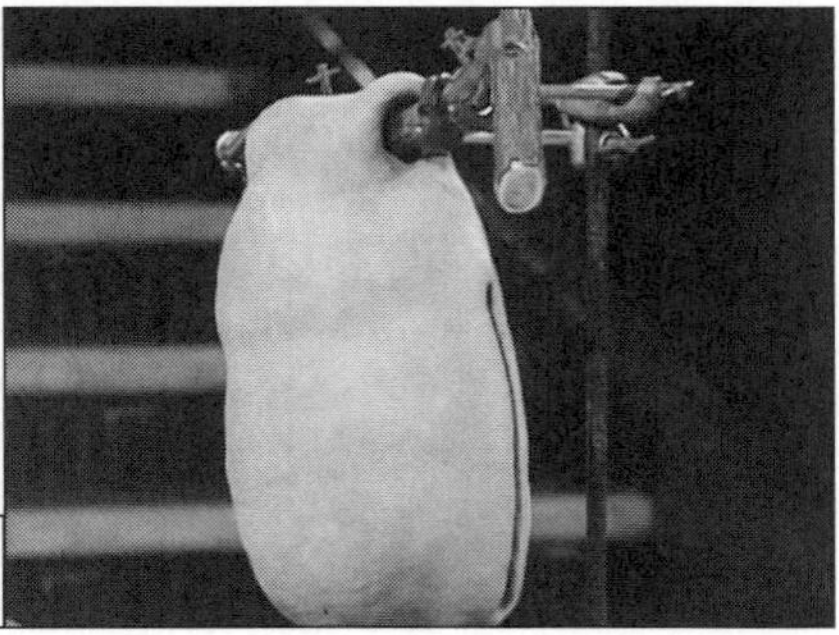
2-66

メバチ（図2-66）に対して、不公平ではないか。

なぜ私は人間にのみ「デザインする」という言葉を使って、ほかの動物の作品には使わないのでしょう。両者の違いは、人間が意識的に先を読んだ結果、効率よい素晴らしいデザインをするのに対し、トックリバチやカマドドリが瓶や巣を効率よく作るのは、先を読んでのことではなく、むしろ過去の失敗から「自然選択」によって直接選択されてきた結果に過ぎないからです。

カマドドリやトックリバチの体、特に神経系に関する遺伝子が取捨選択されて、物作りの行動に影響を与えます。鳥やハチはなぜ自分たちがそういう行動をとるのかまったくわからず、ただ単に良い巣を作るものが自然選択によって選ばれていっただけのこと。

これに対して人間は、たいていの場合先見の明を持ってデザインに当たります。これ

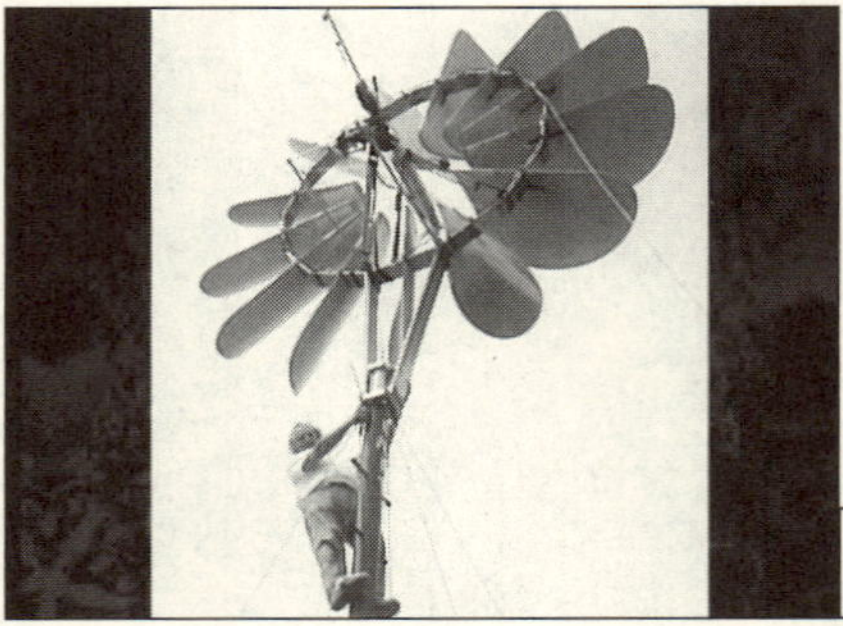
2－67

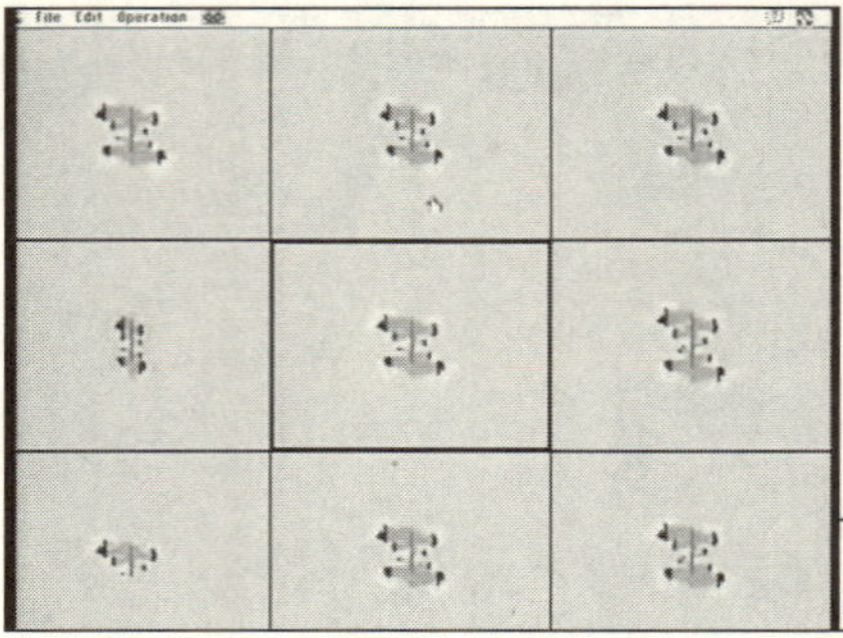

2－68

はドイツ人、インゴ・レーヒェンベルクという人の作った風車です（図2－67）。彼は風車を、「自然選択」の過程を取り入れながらデザインしています。作った風車を風洞の中に入れて、性能を調べ、性能の良かったものを基に次の世代の風車を作っていく。

そうなると風車には遺伝子があることになります。（「アースロモルフ」の場合と同じように）本当の遺伝子ではなく数字でできているもので、親風車に似た子風車を作り出す数字群です。そして各世代の風車の中で、風洞の中で最も性能が良かったものを親にするというふうにして、テストしながら何世代も選択を繰り返していくと、普通の技術的なデザインプロセスで作った風車よりも、ずっと性能の良い物ができると言います。

もっとも、技術的なデザインのすべて、アートのすべてが、ある程度ダーウィン進化の要素を秘めているとも言えるでしょう。もう一つのコンピュータ・プログラム「バイオモルフ」を使って、この点を説明してみましょう。

ここにあるのは「バイオモルフ」の例です(図2-68)。「バイオモルフ」は、「アースロモルフ」やクモの巣の場合と同じように、遺伝子によって制御されていて、形はランダムな突然変異によって変化するのですが、進化の方向は人間の目が決めていく。ちょうどキャベツや犬の「人為選択」で見たのと同じ過程です。ただこの場合、単に選択の基準が「美しさ」にあるというだけの違いにすぎない。一番きれいなものを選んでいくわけですから、壁紙や洗面所のタイルを「人為選択」して作り出すと考えてもいいでしょう。

いずれにしても、すべての創造された物、すべてのデザインされた物、あらゆる機械、家、絵画、コンピュータ、飛行機など、われわれがデザインして作ったもの、あるいはほかの生物が作ったものは、「デザイノイド」物体である「脳」というものが生物に出現して初めて可能になり、「デザイノイド」物体は、漸進的な進化という過程を経て初めて実現したのです。

第3章 「不可能な山」に登る

進化の途中過程

これはナナフシです（図3-1）。私の手の上ではかなり目立ちますが、シャツの上でリラックスしてもらおうと思って、わざとカモフラージュしやすいシャツを着てきました。ですが、どのようにこの昆虫が周囲の環境に溶け込んでしまうかを見るには、自然環境の中に置いてみるのが一番。そこではほぼ完全に周囲にとけ込んでしまいます。細かいところまで実によくできていて、背中には樹皮に似た小さなシミまでついている。まるで錠にぴったりとはまる鍵のように、環境の一部にピタッとはまってしまうのです。

こちらは別の種類のナナフシで、コノハムシです。コノハム

★3-1

3-2

3-3

シは枯れた木の葉に似た形をしています。この昆虫はもう一つの防衛手段としてでしょうが、驚くとサソリのように尻尾を振り上げる体勢をとる（図3-2）。尻尾がくるりと曲がっているのが見えます。もしこれを見たら、一瞬サソリかなと思ってびっくりすることでしょう。

こっちは木の枝に見えますが、タチヨタカという鳥です（図3-3）。

こちらはバラのトゲですが、一つはトゲではなく昆虫です（図3-4）。トゲに見えることで保護されています。鳥の脳の中で鍵のようにピタッとはまってしまうので、鳥はトゲだと思ってしまうわけです。鳥の脳には、バラのトゲに対応する錠があると言ってもいいかもしれない。錠と鍵の比喩を使えば、とてもよくデザインされたかに見える動物や植物があった場合、自然のほうはあたかも錠のように、生物のほうはあたかも鍵のように働くと言えるでしょう。

一般に、鍵というのはたいへん込み入った形をしていて、錠にぴったりとはまる鍵のコピーを作るのはとても難しい。ちょっと曲がった古い針金で代用するというわけにはいかない。正しい鍵でないとダメです。

鍵と錠の原理とは、鍵というのがそもそも特異な形をしていて、ある錠を開けるには、ある特別の鍵が必要になるというものです（図3－5）。一般的な鍵で開ける錠の場合、その鍵がどれくらい複雑なものであるかを測るのは容易ではありません。しかし、ここにある普通の自転車につけるようなダイヤル錠の場合、どれくらい複雑であるかを測ることができます（図3－6）。三つのダイヤルがあり、それぞれのダイヤルには六つの数字が付いているので、六×六×六で二一六通りの組み合わせが考えられます。したがって二一六分の一の確率で、偶然この錠を開ける可能性があることになります。

★3－4

3－5

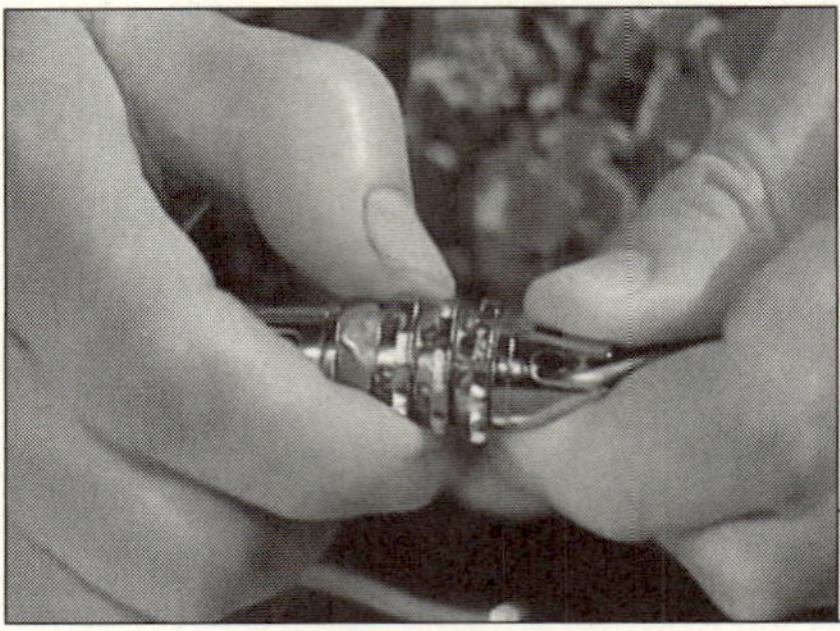

3-6

しかし錠の話は単なる比喩ですから、現実に話を戻しましょう。もしトゲ虫を鍵だとするなら、ほかのいかなる形でもなく、バラのトゲの形とぴったり合っていなければならない。ナナフシは確実に小枝の形でなければならないし、あなたの上あごの歯は下あごの歯とぴったりとかみ合わなければならない。

進化論では、これらはすべて漸進的に、すなわちゆっくりと、一歩一歩進化してきたのだと言います。ならば、ぴったりと錠にはまる形に進化する過程で、中間の形を経ていたはず。トゲのようなツノゼミ（thorn bug）は以前、半分トゲに見えるような形をしていただろうし、ナナフシは以前、半分小枝に見えるような形をしていたでしょう。しかし、錠に半分だけはまる鍵などというものが存在するだろうか。鍵というのは、錠にはまるかはまらないかのいずれかしかないはずです。

半分だけ錠にはまる鍵でも、進化上は役に立つ

では生物はどうやって完璧な姿に進化したのか。どのように途中の段階を生き抜いてきたのか。半分の鍵しか持っていない状態で、どのように機能してきたのでしょう。

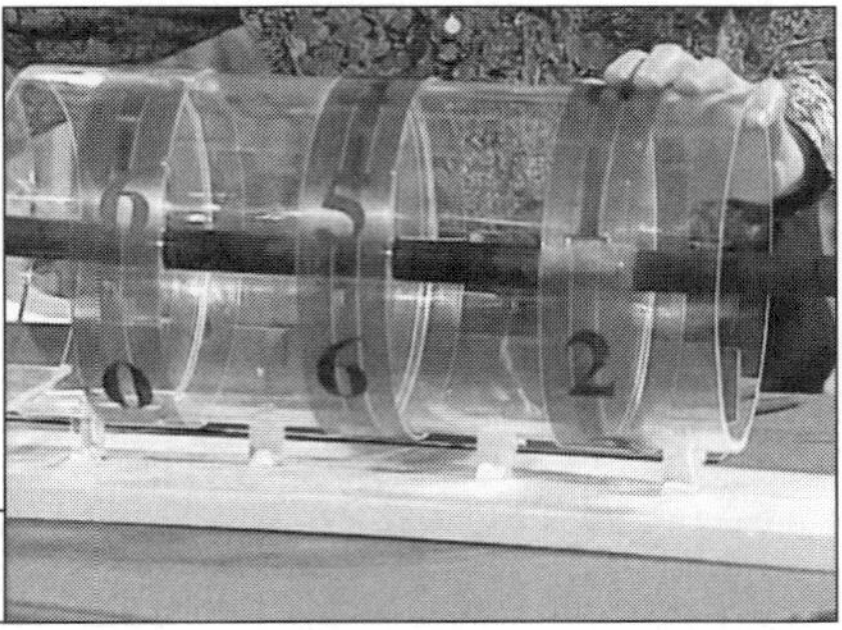

3－7

この問題をダイヤル錠の話に戻って考えてみましょう（図3－7）。金庫をこじ開けて中の金を取り出そうとしているとする。ところがすべてのダイヤルが一度に全部正しく揃う確率は二一六分の一しかないので、このままでは金庫はほぼ開けられない。本物の銀行の金庫となったら、何十億分の一の確率になってしまう。これでは無理です。

　でもまず最初の数字をランダムに当てることができたとしましょう。そうすると、金庫のドアがわずかに開いて、ほんのちょっとだけお金がこぼれたとする。第一の数字はわかったので、次の数字にかかります。六分の一の確率ですから、次の数字も当てることができて、またお金が少しこぼれたとする。そうなると今度は最後の数字です。六分の一の確率ですから、これも比較的楽に当てることができて、とうとう金庫を完全にこじ開けることに成功します（図3－8）。

　前に見たのは数字がすべて揃わなければまったく開かな

3－8

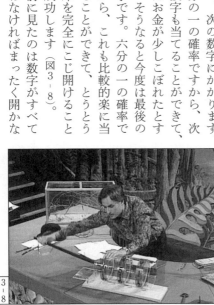

いオールオアナッシング型の錠でしたが、ここで見たのは漸進的なダイヤル錠で、少しずつ開けることが可能でした。この錠の場合、偶然開けるために回さなければならないダイヤルの最大回数は二一六回ではなく、たった一八回になります。ですから漸進的なダイヤル錠を開けるのは比較的やさしい。私は「幸運を引き伸ばす」と言っています。途方もなく膨大な塊の中からたった一つの幸運を引き出すのではなく、わずかずつ幸運を手繰《たぐ》り寄せるから。一つの小さな幸運のしたたりが起こってから、また次のしたたりが起こるのを待つ。こうして少しずつ積み重なっていくのです。

これまで見てきたところでは、動物というのは錠にピタリと合う鍵のように見えるかもしれないけれど、あまり適切な比喩ではないですね。動物の場合、半分の鍵でも、鍵がないよりはずっとましだから。自然がダイヤル錠だとすれば、それは漸進的な錠であって、オールオアナッシング型の錠ではないのです。

ランダムにタイプする猿に、シェークスピアの一文が書けるか

同じ問題を別の角度から見てみましょう。猿がタイプライターをランダムに打っていれば、いずれはシェークスピアの全作品を生み出すことだって不可能ではないと言われてきました。私も一度、当時一一カ月だった娘のジュリエットを相手にこの実験をしたことがあります。でもほどなくして、シェークスピアのたった一節が偶然生み出されるためには、少なくとも彼女に一〇億年は同じようにタイプさせないとだめだろうということがわかりました。

優れた天文学者であるフレッド・ホイル卿（二〇〇一年に死去）は、複雑な生物が類《たぐい》まれな幸運によって突然出現する可能性は、「ゴミ集積場のゴミをハリケーンが舞い上げ、偶然幸運にも、ボーイング七四七型機が完璧に組み立てられるに等しい」ほど、ありえないことだと言っています。

ここにあるのがゴミの山で、ハリケーンがそれを舞い上げる（図3-9）。ホイルの言わんとするところは、こういう方法でボーイング七四七型機が作られるような確率は、ちょうど眼やナナフシやヘモグロビンの分子が、まったくの偶然でできあがるという確率に等しいということです。

ここに二匹のコンピュータ猿がいます。一方はホイルという名前で、他方はダーウィンという。両方とも同じ課題を与えられている。両方とも、シェークスピアの全作品ではありませんが、『お気に召すまま』の中の一節、「猿にも増して自分の欲望に目がくらむでしょう」をタイプするというものです。

ホイル猿のほうはまったくランダムにタイプする。そして一行タイプするごとに、目的の文を作ったかどうかチェックする。目的の文を作った瞬間、コンピュータは作動をストップし、ベルが鳴る。もしこんなことが起こったら、史上まれ

3-9

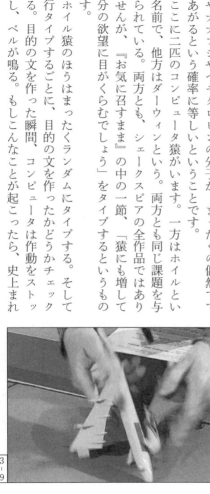

にみる奇跡です。あと一〇〇億年かけてもこの文を作れないほうに、私の全財産を賭けましょう。もちろんこれは、眼やボーイング七四七型機などの複雑な物は、単なる偶然ではけっして作れないと私が確信している、ということにほかなりません。

大事なのは、ダーウィン猿のほうは、目的の文を作り出すことができるということです。ではダーウィン猿は一体何をするのか。

ホイル猿とすべて同じですが、一つだけ重要な違いがある。ダーウィン猿もホイル猿と同じように、ランダムな文をタイプするところから始まります。ところがその文を親にして、そこから五〇の子供文が生まれる。それらはほとんどまったく親の文にそっくりですが、それぞれわずかに異なる突然変異が入っている。コンピュータは五〇の子供文を見て、どんなにわずかでもいいから目的文により近い一文を選んで、それを次の親文にする。そうやって何世代も経ていくうちに、次第に目的の文に近づいていくわけです。

（プログラムをスタートする）

ごらんのようにホイル猿は文を次から次へとランダムにタイプしています。ダーウィン猿のほうは、何かができつつあるのがわかります（図3-10）。

「猿にも増して自分の欲望に目が――」

できました。目的地に到達した。どれくらい時間がかかったでしょう。それほどかかっていませんね。私の財産も無事でした。

ここで重要なのは、ホイル猿が目的地に到達できなかったことではなく、ダーウィン猿が驚くほど早く目的地に到達したということです。

ただこれは、ダーウィンの「自然選択」モデルとしては、まだいろいろ問題がある。一つは、このモデルには「自然選択」にはない「目的」というものが設定してあったことです。

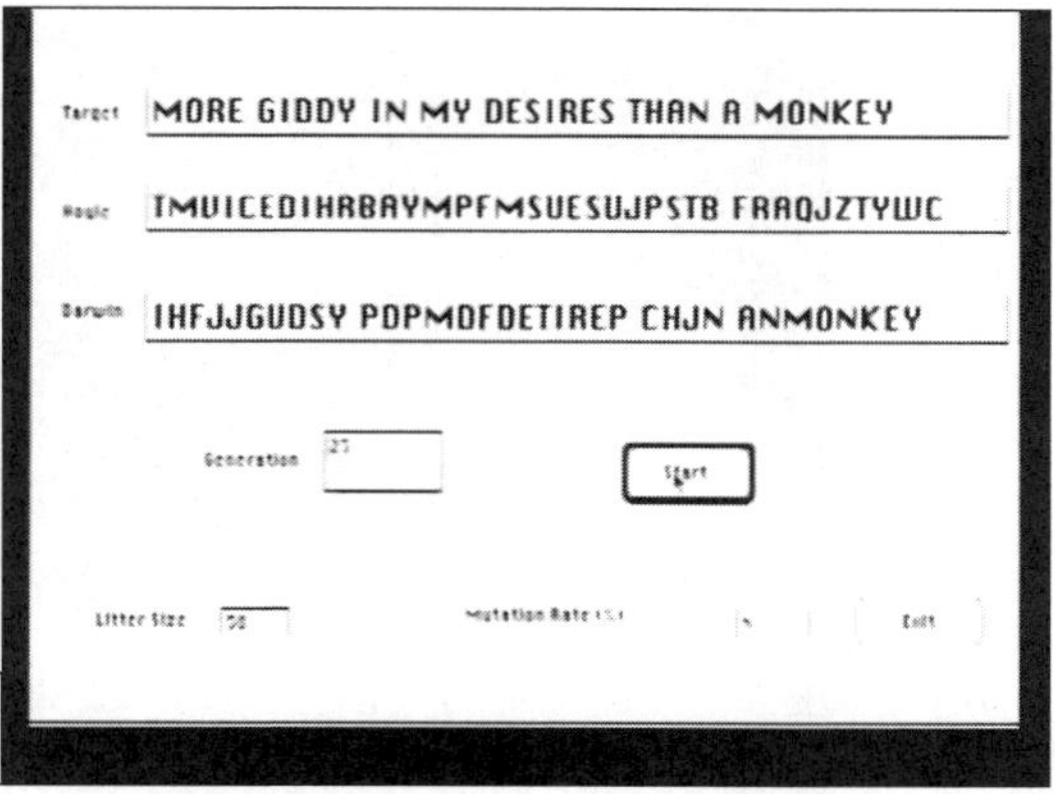

3-10

ですがこのモデルも、途方もなく困難な問題を解決するためのヒントを提供していることは確かです。それは、眼やボーイング七四七型機のように、たった一度の幸運な博打《ばくち》によって突然出現する可能性がまったくないものでも、幸運がわずかずつしたたり落ちて積み重なっていけば、出現する可能性が出てくるということです。

この章でお話しするのはまさにそのこと、幸運をわずかずつ引き出すということについてです。幸運をわずかずつ積み重ねていくというのは、限りなく重要なプロセスです。まさにこのプロセスによって、ナナフシやライオン、ゾウ、バクテリアなど、われわれを含めた生きとし生けるものがここにこうして存在できることになったのです。

★3-11

進化の時間の中でゆっくりと登る「不可能な山」

ではここで、この、漸進的に難問を解決するというやり方を、実際の模型にして見てみましょう。

これは山です。「不可能な山」と呼んでいます（図3-11）。この頂上に座っているということは、とてもよくデザインされたものと同じような状態にあることを意味します。たとえば非常によく機能する眼のように。また、この山の麓《ふもと》にいるということは、まだよくデザインされていない、環境にうまく適応していない、遠い祖先のような状態にあることを意味しています。

山のこちら側は絶壁です（図3-12）。「運だのみの崖」と呼ばれる、切り立った崖になっている。崖の下からこの山の頂上へ跳ね上がることは、ハリケーンによってボーイング七四七型機を組み立てようとすること、あるいはたった一度の突然変異で完全な眼ができてしまうということに匹敵します。崖の下から頂上に一足飛びできないのと同じく、不可能なことです。しかしこれだけが「不可能な山」を登る方法ではない。反対側にまわってみましょう。

反対側には、わずかずつ上昇するゆっくりとした傾斜道があって、時折やや急な上り坂があるものの、地道にこの道をたどっていけば、途中飛び跳ねる必要もなく、麓から頂上まで登っていくことができる。こちらはゆっくりと一歩一歩進んでいく道です。

「傾斜進化（ramp evolution）」と呼ばれるこのゆっくり登るルートを知らずに、とてもよくデザインされた生き物が頂上にいる崖だけを見たら、それは奇跡の結果に違いないと、おそらく誤解してしまうでしょう。しかし実際には「不可能な山」を登る方法はただ一つ、傾斜進化のゆっくりとした道のりを一歩一歩踏みしめていくよりほかにないのです。長い時間小さな一つ一つの歩みを重ねていくことで、実に高いところまで登ることが可能になります。

3-12

ここまではまだ比喩の話ですが、実際に生物はどのようにして「不可能な山」を登っていくのでしょう。

もちろんこの場合、個体が登るわけではない。系統、動物群、種が登るのであり、しかも進化の永い時間軸の中で登るのです。彼らとその子孫、そのまた子孫とその子孫というふうに、途方もない数の世代を通じて登っていく。そしてわれわれには、途方もない数の世代を投入する時間、つまり地質学的な永い時間をかけることが十分に可能なのです。

遺伝を伴う再生産では、情報がDNAを通して伝わる

この世代から世代への積み重ねというものは、遺伝を伴う再生産が行なわれ、情報が次世代へと確実に伝わっていく場

合のみ可能となる。遺伝しない単なる再生産ではダメだということを説明しましょう。

遺伝のない再生産といえば、火などがその例です。乾いた草が生えている乾燥したサバンナを想像してみましょう。その一部に突然火の手があがったとする。火の粉が風に飛ばされて転移し、そこでまた新たな火がつく。二つの火は燃え上がり、また火の粉が飛んで、新たにまた火の手が上がる。これは先ほど飛び火した分の娘火なのかもしれない。これらの火は次々と飛び火して広がっていく。

どのような火になるかは親火から受け継ぐのではなく、周囲の環境条件によって決まってきます。風の向き、たまたま発火した場所、土の成分、草木の湿り具合などによって、火の状態が決まってくる。親火から出た火の粉の性質によって次の火の性質が決まるわけではない。火の粉の中には何の情報も入っていません。

まさにこの点で、ウサギや人間やナナフシは、火と異なります。ウサギや人間には父親と母親がいる点が違う、というわけではない。ナナフシには火と同じように母親しかいない。でも重要な点でナナフシは火とはまったく異なります。火と違ってナナフシには、本当の意味での遺伝があるのです。環境からの影響のほかに、少なくとも色、形、眼などの形質を母親から受け継ぐ。母親から娘へと伝わる情報というものがあるのです。

では火の粉にはなく、卵には入っているこの謎の情報とは一体何なのか。

それはDNA（デオキシリボ核酸）です（図3－13）。驚くべき分子で、その塩基配列の中に、ナナフシやウサギを作り出すほとんどすべての情報が入っています。DNAは世代を下って流れる川のようなもの。ＤＮＡの川は私たちを通って、同じ姿のまま未来に向かって流れていく。

唯一の例外は、時折、本当にたまに、突然変異と呼ばれるランダムな変化が起こることです。この変異のせいで、群れの中に遺伝的変化が生まれ、バリエーションができることで、「自然選択」の余地が出てくる。よい眼や強い足や、その他生存に有利になるような変化を体にもたらし、より優れた祖先を作るようなＤＮＡが生き残っていく。したがって、世界は自動的によいＤＮＡ、すなわちより生存に適した体を作るＤＮＡで満ちてくることになります。

これが、なぜ生物がすばらしくうまくこの世界に適応しているか、ということに対するダーウィンの説明です。すなわち祖先からの叡智の積み重ねによるからすばらしいのだと。叡智といっても、祖先が学習したものではなく、祖先がたまたま幸運にも出会ったもので、ランダムに起こった幸運な突然変異の中から選択されたのです。それぞれの世代が受ける幸運はささやかなものだけれど、果てしなく何世代も通して積み重ねられることで、感心するほどすばらしい結果を生んでいます。

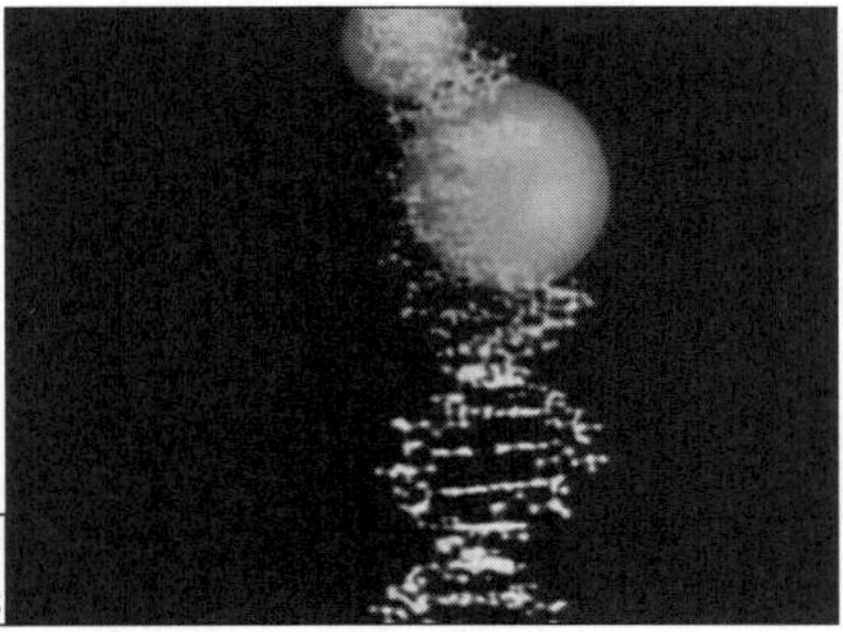

3-13

単純な眼でも、ないよりは便利

この説明方法を使って、具体的に三つの難問を考えてみましょう。眼と翼とカモフラージュについてです。これらは特に難しい問題とされているので、ここで取り上げることにしました。

まず眼についてです。チャールズ・ダーウィン自身、「今日《こんにち》に至るまで、眼（の問題）は私を身震いさせる」と語っています。「創造説」論者は特に好んで眼の問題を持ち出しては、

「（進化途中の）半分の眼が一体何の役に立つのか」と言う。眼というものは、細部にいたるまですべての部分があるべきところに収まってこそ、その機能を発揮するものであって、そうでなければ何も見ることはできないのだと。

★3-14

そうだとすれば、一体どうやって眼は進化することができたのか。真摯《しんし》な科学者でも時折、果たして眼が進化するための十分な時間があったのかどうか、疑問を投げかけることがあります。

まず初めに、眼のない状態、単に光を感受するだけの細胞の集まりである一枚のシートを

3-15

3-16

3-17

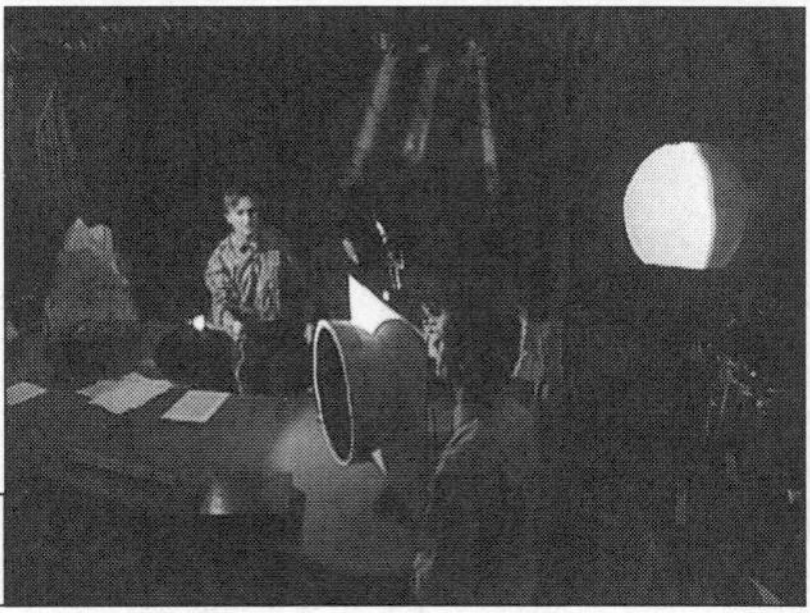

持った祖先からスタートしましょう（図3-14）。ちょうどこのスクリーンがそれを表しています（図3-15）。スクリーンの後ろにはTVカメラが据えてあって、この原始的な動物に何が見えているのか映し出すようになっている。この動物の場合、眼と呼ばれるようなものはまったく持っていないけれども、少なくとも明るいか暗いかだけは識別できるようです。

次の進化の段階は、浅いカップを持つこと（図3-16）。これによって影ができ、この動物は光がどちらの方向から来るかがわかり、よってどの方向から敵が来るかも知ることができるようになります（図3-17）。

3-18

3-19

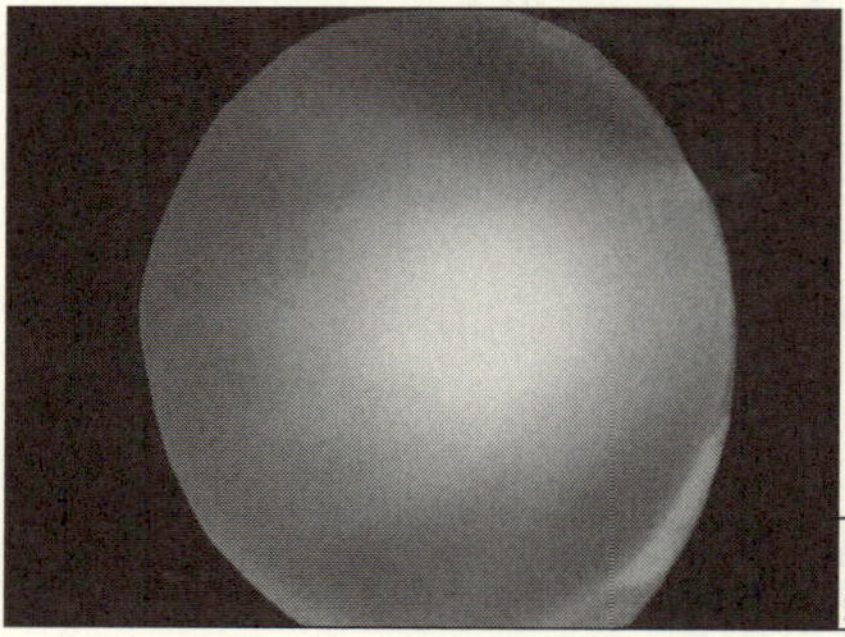
3-20

ここにあるモデルは、壁からカップが突き出る形になっていますが、おそらく実際には、表面から少しずつくぼむ形でカップができていったのでしょう。そしてカップが大きくなるに従って、影の効果も大きくなっていった。このカップはシートよりもっと効果があったと思います（図3－18）。

さらに大きくなると、開いている部分が小さくなり、もっと効果的になる（図3－19）。この動物はどこに光があるか、またどこに敵がいるかをハッキリ知ることができます。加えて、この眼は少しだけですが相手の姿を見ることもできるでしょう（図3－20）。今ぼやっと映っているのは手ですが、わずかに指らしきものが見える。こんな眼を持った動物は、おぼろげながらどんな敵なのか見ることができるわけです。

当然の成り行きとして、次の段階はピンホール型の眼に行き着く（図3－21）。これらの変化はすべて、非常にゆっくりとした進化の結果起こってくるものだということを忘れないでください。この段階になると、手は割合はっきり見えてくる（図3－22）。あまり明るい映像ではありませんが、一本一本の指がしっかり見えます。ですから、もし私がこの動物だったら、敵の姿をある程度詳細に知ることができるでしょう。

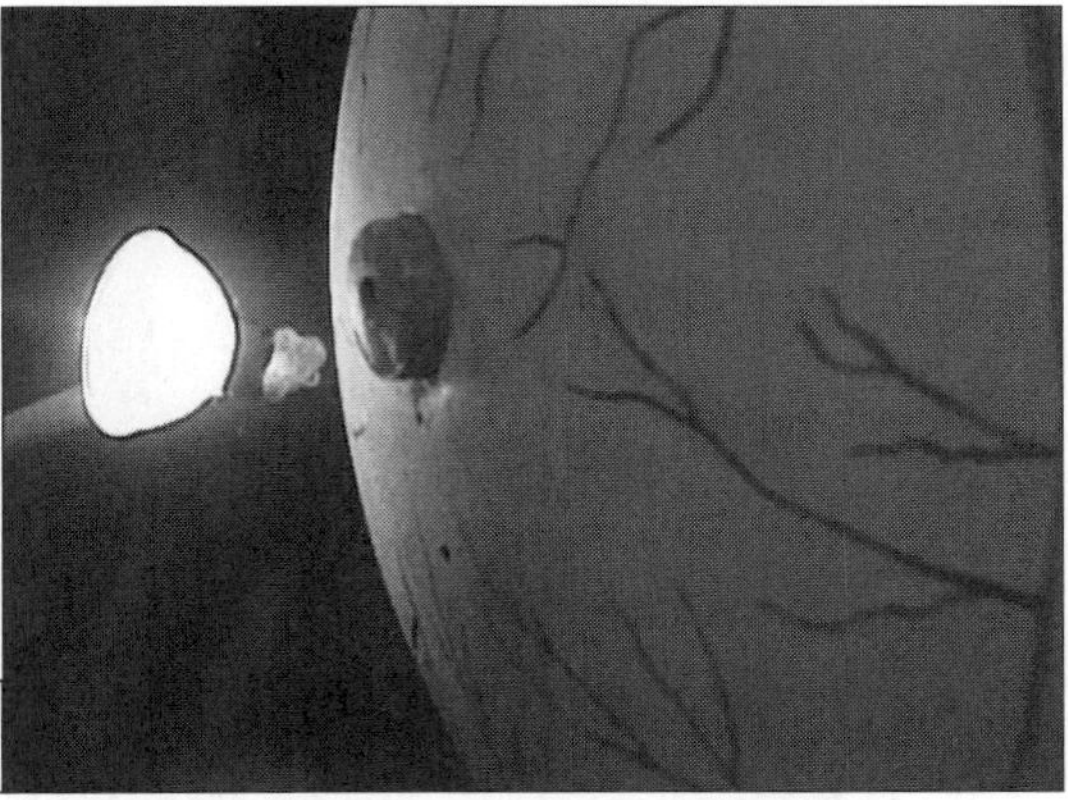
3－21

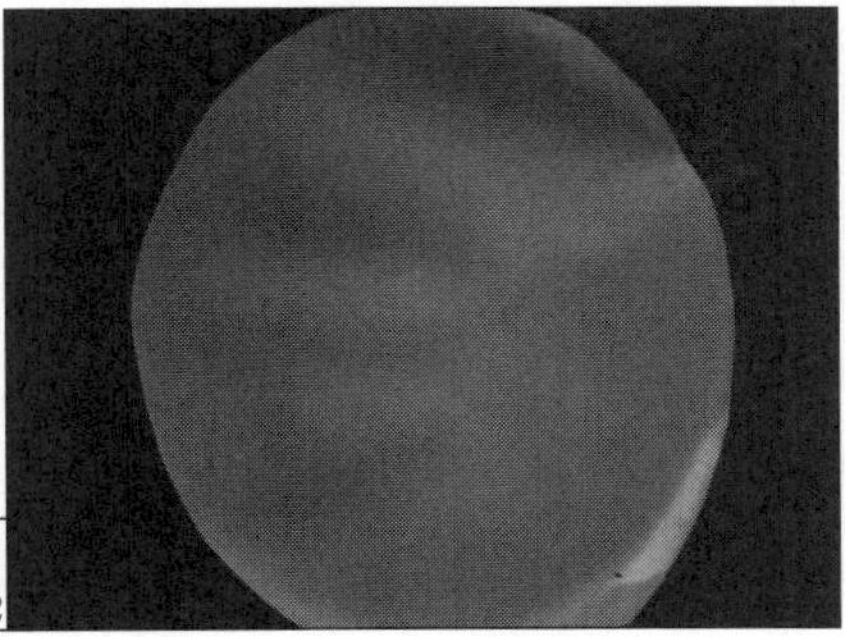
3－22

3-23

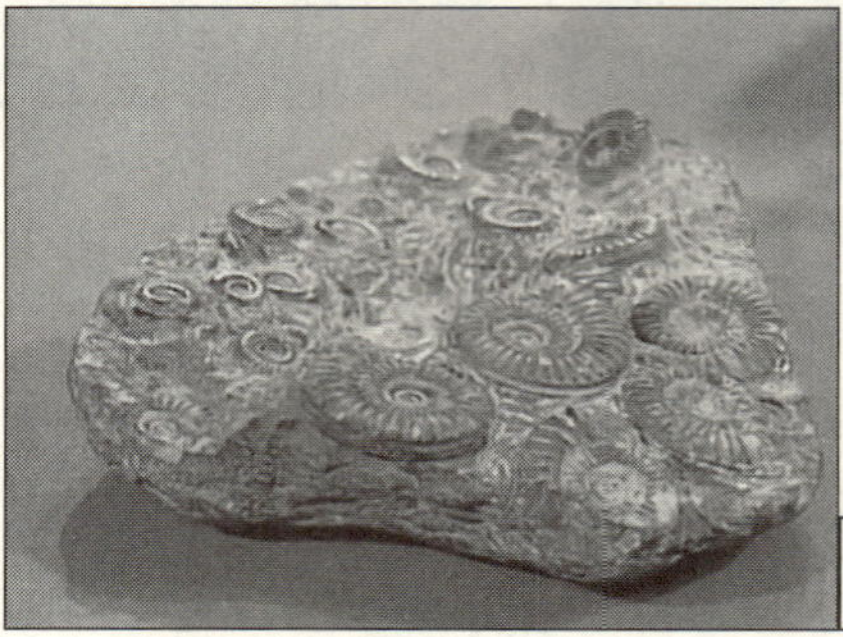

3-24

実際ピンホールカメラを眼として持っている動物もいます。軟体動物のオウムガイです。タコの親戚ですが、貝の中に棲《す》んでいて、これがその眼です（図3－23）。簡単な穴になっていて、海水が出入りする。

こちらはオウムガイの親戚であるアンモナイトの化石（図3－24）。今では絶滅していますが、彼らは一時期爆発的に繁殖していました。およそ三億五〇〇〇万年ものあいだ、これらアンモナイトのピンホール型の眼に、一体どんなドラマが映っていたのか想像してみたい。彼らにピンホール型の眼があったかどうか確定されてはいませんが、おそらくあったでしょう。

ピンホールカメラは、物を見るのにそれほど優れていません。ハッキリした像を映しますが、なにしろ開いている穴が小さいので、ほとんど光が入らないからです。これを解決するには、あの素晴らしい道具、「レンズ」を必要とします。

オウムガイの眼は、レンズを持った親類のイカやタコの眼に比べて、かなり貧弱になっています。ではなぜオウムガイの眼にはレンズがないのか、なぜレンズを持つように進化しなかったのか。

たぶんオウムガイは「不可能な山」の途中の小さな峰に上がってしまって、それより先に進めなくなったのでしょう。この山には大きな峰がありますが、その途中にも実にたくさんの小さな峰がある。進化のルールはひたすら登りつづけることですから、オウムガイの祖先が、ある小さな峰の道を登り始めるころは、この峰もその峰も同じように良さそうな道に見えたのでしょう。両方とも上り坂だし。進化には、ある道を行ったら将来レンズが手に入るなどという、先見の明はありません。ある程度明るいピンホールカメラ型の眼は、十分にその役割を果たしますから、そのころは小峰の道がよさそうに見えたのです。

ですからオウムガイは小さな峰の頂上に上り詰めて、そこから抜け出せなくなったのでしょう。抜け出すには、峰を下る必要があるのですが、「不可能な山」は、登ることはできても下ることはできない。

眼の進化は、急速に、何度も起こった

ではどうやってレンズが進化してきたのか。

まず一枚の透明な紙のようなものから始まったと考えてみてください（図3-25）。これはまだレンズではないけれど、眼を保護することができる。オウムガイの眼には海水が出入り

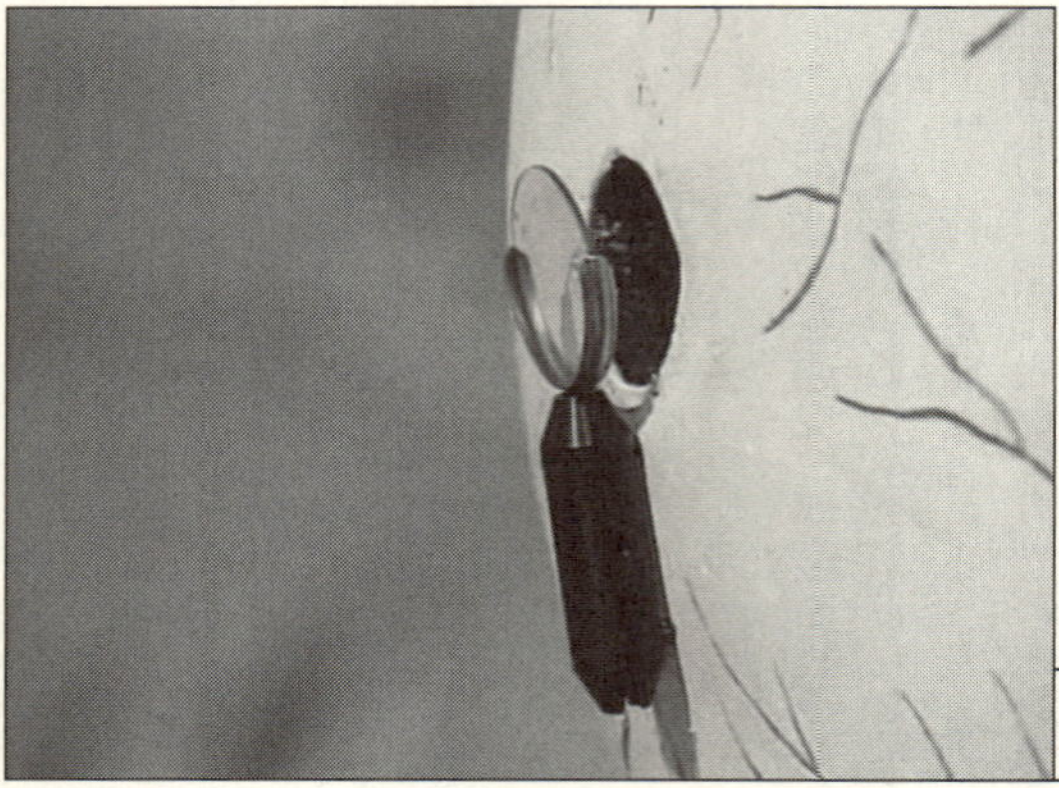
3-25

していましたが、この動物の眼は、一枚のシートがあることによって保護されることになります。でもシートのあるなしにかかわらず、機能的にはまだどちらの眼もまったく変わりません。

　次の段階からは、眼鏡用のレンズを使って実験を続けることにしましょう。一枚の透明な素材を用い、進化が進むにつれてそれをぐっと押し縮めて厚くしていければいいけれど、そうはいかないので、厚さの違うレンズを次々と差し替えていくことで、進化の効果を再現することにします。

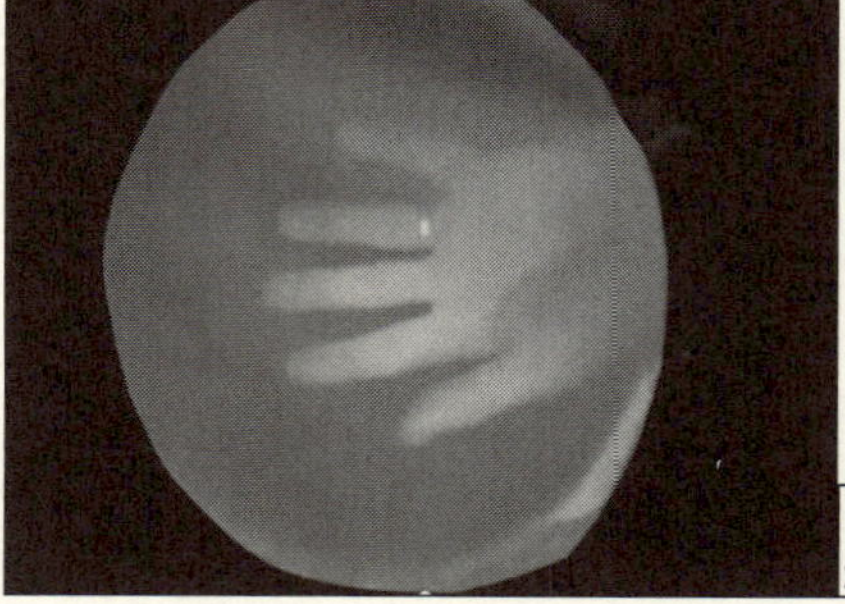
3-26

　これが進化の次の段階です（図3-26）。こちらのほうがより明るくハッキリとしたイメージとなっています。

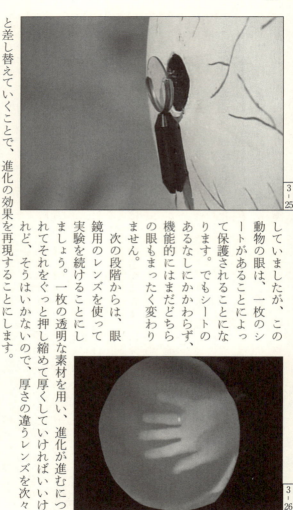

次のレンズを見てみましょう。もし動物がこのレンズを持っていたら、世界がとてもよく見えています（図3-27）。どこに敵がいるか、ハッキリと確認することができるうえ、逆さまではありますが、敵の顔を識別することさえできます（図3-28）。

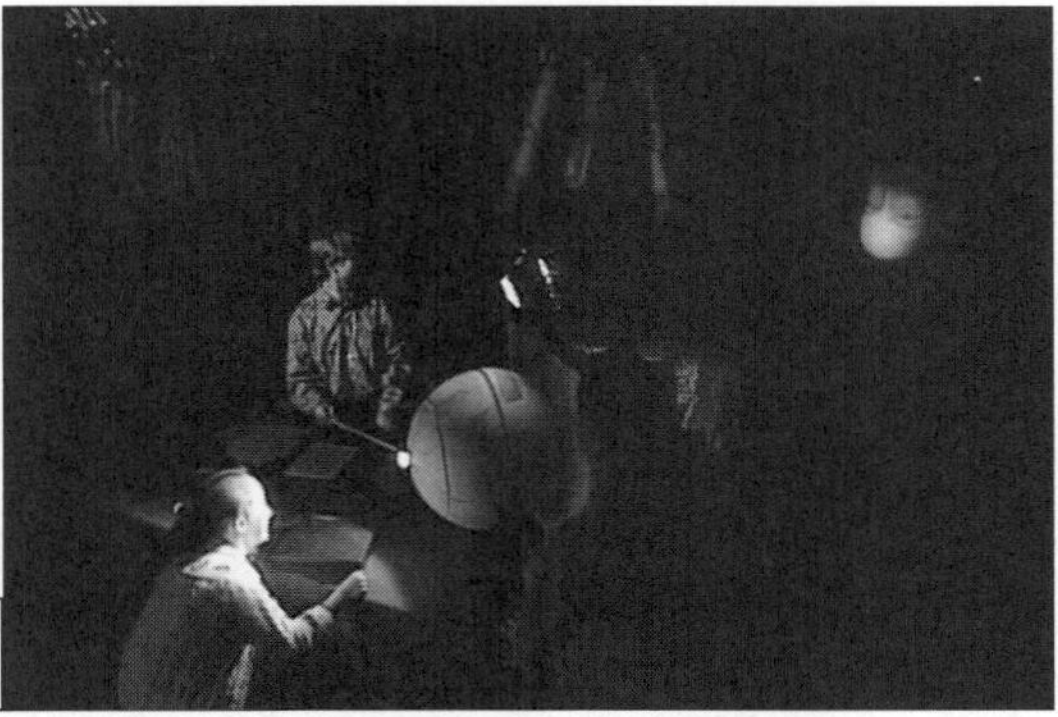

3-27

こうして眼のないところから眼の完成まで、「不可能な山」のゆっくりした道のりを辿ってみました。しかし、眼を完成させるまでに十分な進化の時間はあったのでしょうか。

スウェーデンの科学者ダン・ニールソンはこの問題に取り組みました。彼は今私たちがやったのと同じような実験を、コンピュータを使って行なった。彼はコンピュータを使ったので、私たちが木の模型を使ってやったように進化の歩幅を大きく取るのではなく、それ

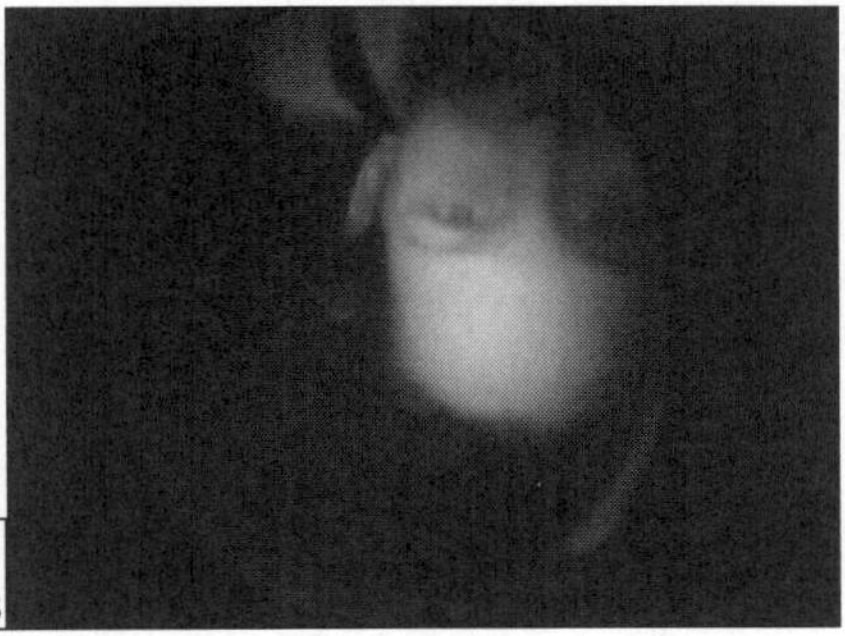

3-28

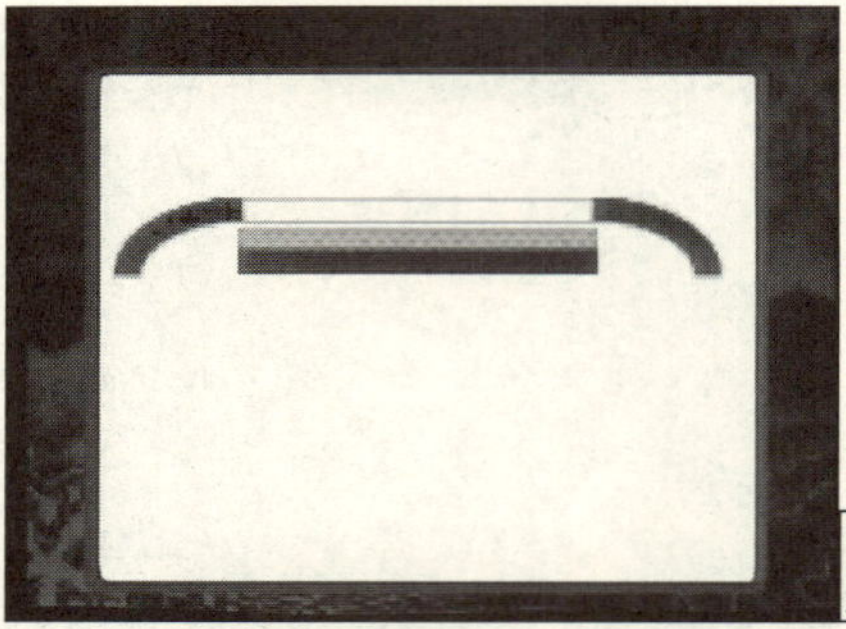
3-29

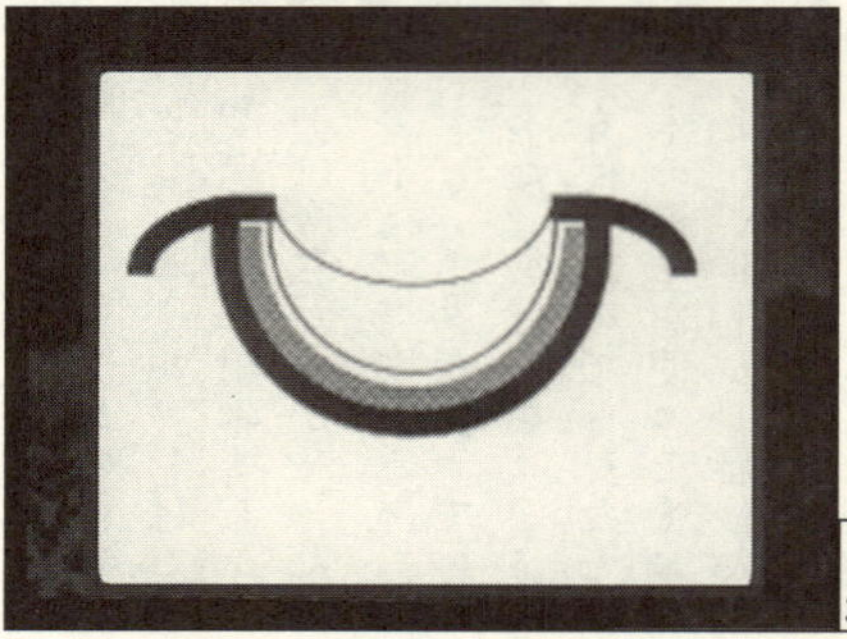
3-30

こそとても小さな歩幅で進むことができました。意図的に彼はそれぞれの歩幅、すなわちそれぞれの突然変異が、たとえば眼のカップの勾配などといったものですが、一％の変化しかもたらさないよう設定しました。

　また眼の性能を測る方法も考えました。できたばかりの眼のあらゆる部分をコンピュータに測定させ、物理の法則を使って、その眼がどれくらいハッキリした像を結ぶことができるかを割り出している。問題は、こうしたルールを組み込み、平面状の網膜からスタートして、ゆっくりとしたわずかずつの確実な進歩を経て、私たちの目のような発達したものに至ることが可能なのかということです。果たして、それは可能でした。

　これがニールソンのスタート地点です。透明な平面シートの下に平面状の網膜があります（図3-29）。こちらはニールソン・モデルの途中段階の図ですが、私たちが模型を使って示したものと大変よく似ています（図３－30、図３－31、図３－32、図３－33）。

ここまでは私たちが実験で確認したところと同じ。つまり、「不可能な山」をゆっくりと登って現在の眼に至る道があるということです。ニールソンはさらに、この進化を遂げるために何世代かかるか計算しました。

そのためには、さらに細かい設定が必要でした。ニールソンはコンピュータモデルのこれらの数値設定を、大変控えめに行ないました。つまり、わざと低めの数値を入れて、控えめ

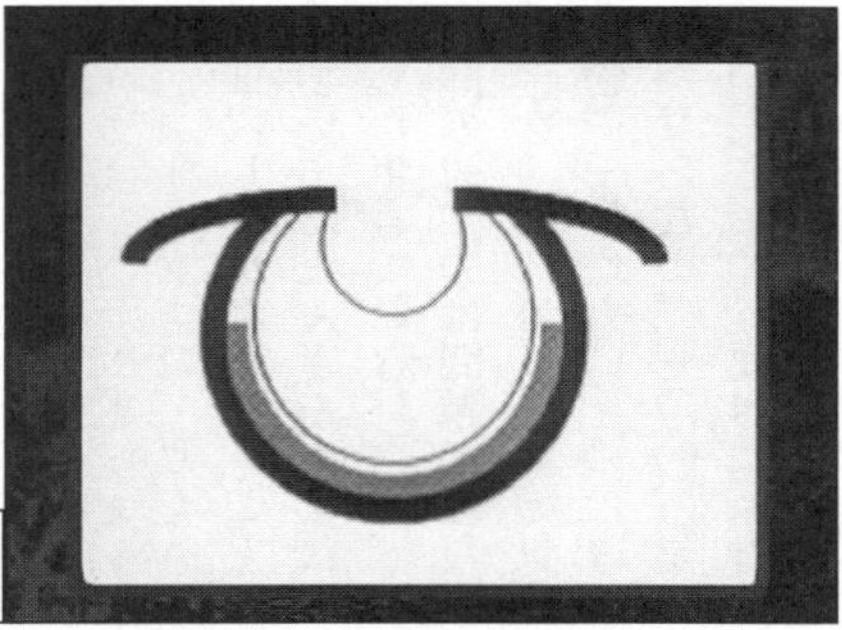
3－31

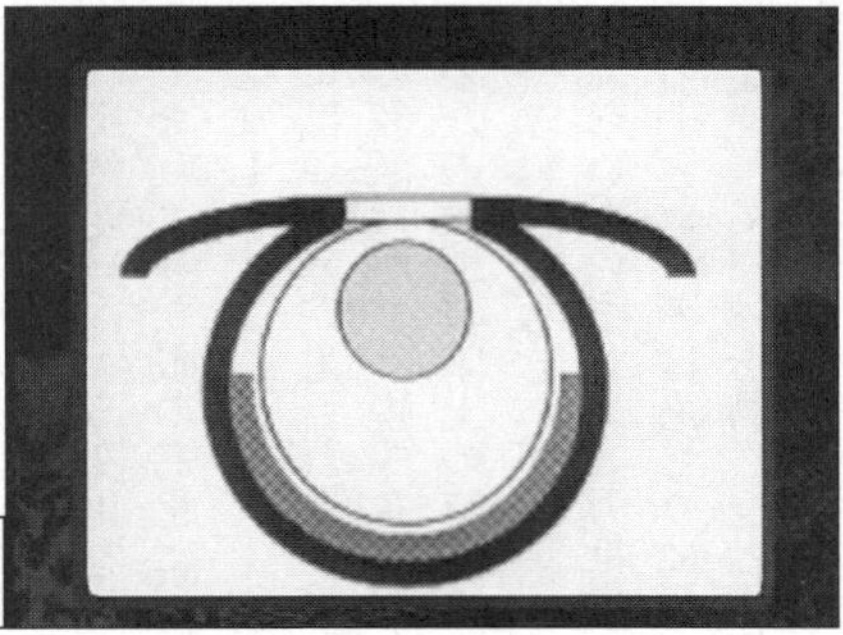
3－32

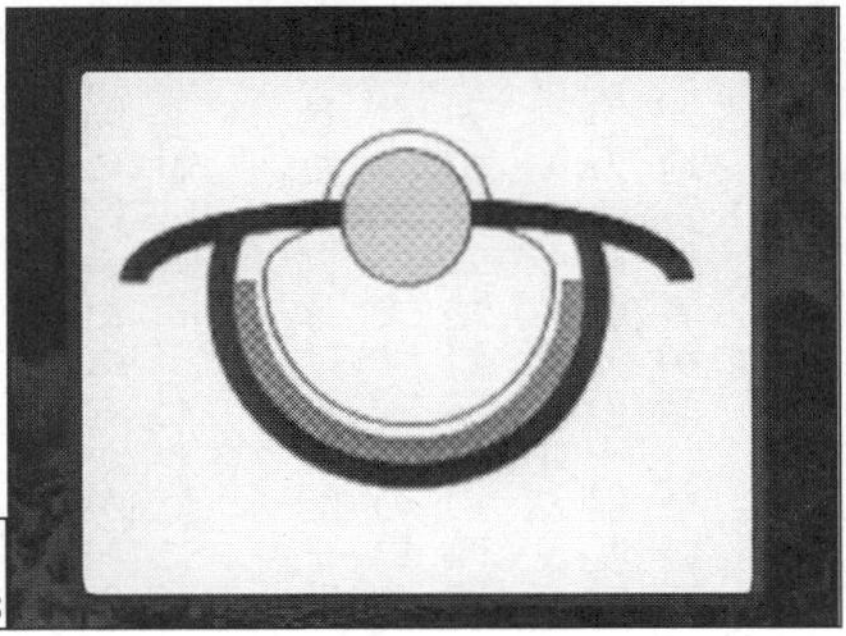
3－33

控えめに計算していって、進化がゆっくり起こるよう設定したわけです。

しかし、すべて控えめに設定し、突然変異による変化をわずか一%に抑えたにもかかわらず、ニールソンは、私たちが今見てきたような眼の進化に、驚くほど短い時間、たった二五万世代しかかからないことを確認しました。

ずいぶんたくさんの世代のように聞こえるかもしれないけれど、私たち自身はたった一世代しか生きていないので、私たちの認識はかなり歪曲されたものになっています。この場合、人間の認知力は問題ではなく、重要なのは地質学上の時間のスケールです。地質学上の時間のスケールでは、二五万世代というのはほぼなきに等しいくらい小さい。今問題にしている動物の一世代というのはほぼ一年くらいなので、二五万世代は一〇〇万年の四分の一程度にしかならない。一〇〇万年の四分の一というのはあまりに短すぎて、地質学者が測れないほどの長さです。まさに時計の時針を使って一秒を測ろうとするようなものでしょう。ダーウィンはまったく身震いする必要などなかったのです。半分の眼でも眼がないより有利だし、半分の眼は四九%の眼よりも有利で、一%の眼でも眼がないよりは有利になる。

ですから、眼の進化に十分な時間があったことは言うに及ばず、眼の進化は短時間に容易に起こりうるので、おそらく何度も何度も繰り返し起こったに違いない。眼はたやすく進化するのです。実際、動物たちを見てみると、実にたくさんの種類の眼が存在します。一つ一つ異なり、その多くはまるで異なる原則にのっとって機能しており、それぞれまったく独自に進化し、この進化は何度も繰り返し起こったのです。

これは貝の一種、ホタテ貝（図3－34）。丸い形のものは真珠ではなく眼です。これらは、普段私たちが見たり考えたりするいかなる眼とも異なり、反射鏡型の眼になっている。レンズの代わりに鏡が入っていて、これら一つ一つはお椀のように曲がった鏡になっていて、私たちの眼のように働くのではなく、反射型望遠鏡のように像を結ぶのです。

こちらは昆虫の複眼（図3－35）。一つ一つの個眼はそれぞれが小さな眼になっていて、複眼全体で一つの像を結ぶよう、脳の中で解釈されています。

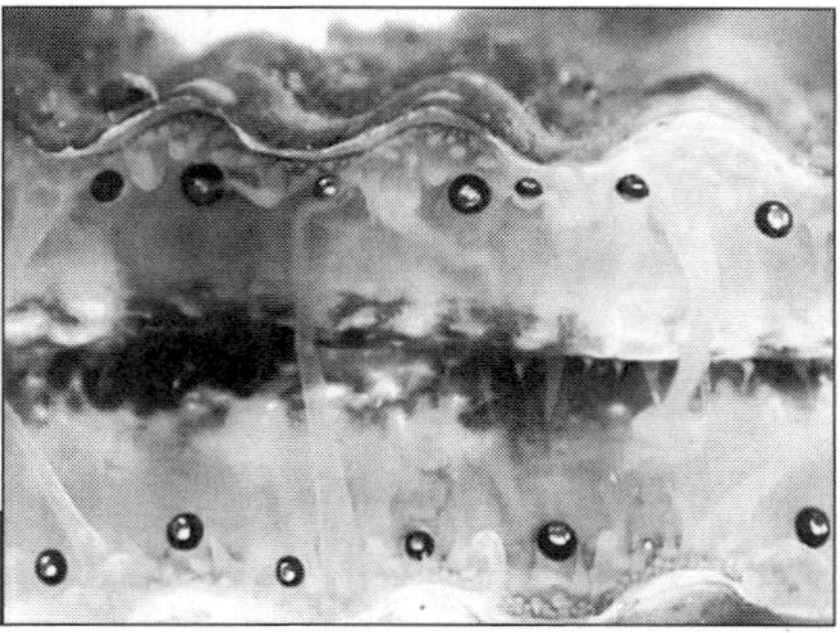
★3－34

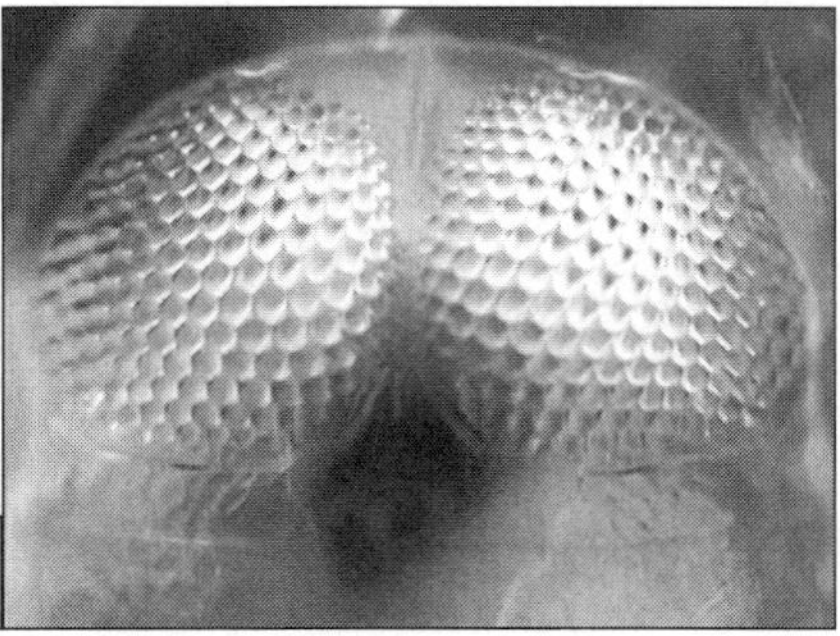
3－35

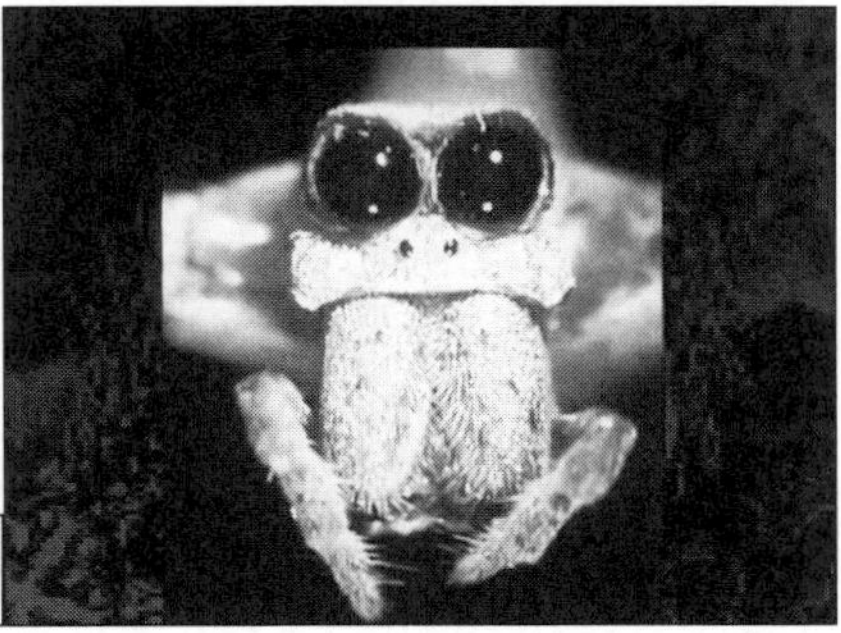
3－36

これらのヘッドライトは、クモのもの（図3-36）。これもまったく独自に進化した眼の例で、これまで見てきたどの眼とも異なります。

そして最後はイカの眼（図3-37）。イカは素晴らしい眼を持っています。私たちの目と同じようにレンズが入っていて、カメラの機能も備わっています。しかし、細部、特に発生の仕方を見てみるとわかるように、私たちの目とはまったく別に進化したものです。たまたま私たちの目と同じような原理が、独自に進化したのです。

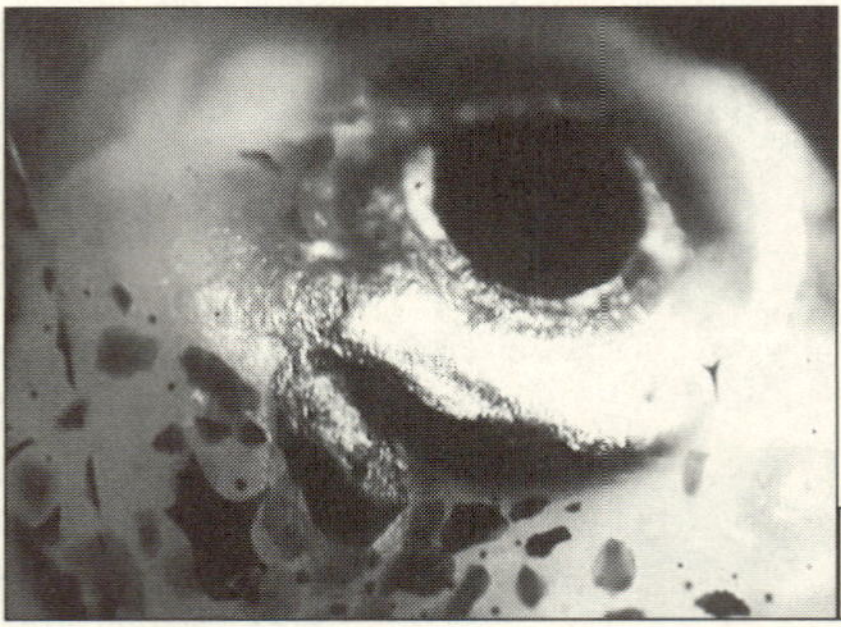
★3-37

繰り返しますが、それぞれのステップは、ランダムに起こる微々たる幸運に過ぎません。実際それぞれのステップは、特にはかばかしいものではなく、むしろそのほうが望ましい。もし各ステップがはかばかしい変化であったなら、それは奇跡になってしまって、本当の意味での説明が成り立たなくなってしまうからです。進化の重要なポイントは、「不可能な山」を何の奇跡も必要とせずに登るというところです。

単純な翼は、翼がないより便利

ここで、「不可能な山」にあるいくつもの小峰のうち、二つの目立った峰について取り上げてみたいと思います。

これはカタシロワシで（図3‐38）、こちらはワシミミズク（図3‐39）。まずカタシロワシのほうを見てください。獲物を捕まえるための素晴らしい機械です。その眼は私たちのどの眼よりも鋭く、一体どれくらい鋭く精確なものなのか、まだ十分わかっていない。その爪は、一度摑まれたら、振りほどくことはほぼ不可能です。爪に歯止めのメカニズムが組み込まれていて、骨をガシッと摑んでしまうので、道具を使ってもなかなか外せなくなってしまう。

3‐38

3‐39

くちばしのほうを見てください。餌を引き裂くのにまさに適した道具となっています。

ミミズクのほうは、「不可能な山」の別の峰に座っています。とてもよい眼を持っているけれど、薄暗いところで働くようにできていて、むしろ聴覚が発達している。両耳は非対称になっているので、真っ暗なところでも餌の居場所を精確に計測することができ

3-40

きます。翼はワシのものとは異なり、夜中に静かにひそかに飛ぶことができるような形になっています。ミミズクはひそかなる戦士なのです。

こちらはタカです（図3-40）。翼の形を調整して、滑るように飛ぶ。こういった鳥類は、素晴らしい眼と耳のほかに、優れた翼を持っています。次はこの翼について見てみましょう。

例によって「創造説」論者は、翼の話も好んで引き合いに出して、

「半分の翼や四分の三の翼が、一体何の役に立つというのか。進化の初めにあったというみじめな翼の元から、一体どうやったらこんな見事な翼が進化することができるのか」

と言う。

この問題についても、実験をしてみましょう。

これら四匹は飛行生物というほどのものではありません（図3-41）。木の上に棲んでいて、落ちたら首の骨を折ってしまいかねない。

（二匹落ちる）（図3-42）

この低めのところから落ちた場合、スカートのあるほうもないほうも壊れずにすんでいま

す。この高さなら、小さな翼のあるなしは影響しません。小さなスカートのような物は翼の元です。まだ翼にはなっていないけれど、いずれ翼に進化していく元のようなもの。枝が低い場合は落ちても誰も首の骨を折らずにすみますが、もう少し枝を高くしてみましょう。

（枝を高くする）（図３－43）

これらの動物は、時々高めの枝から飛び降りることもあります。その際、これらのちっぽけな翼の元のあるなしが、違いを生むことになるかもしれない。どうでしょうか。

★3－41

3－42

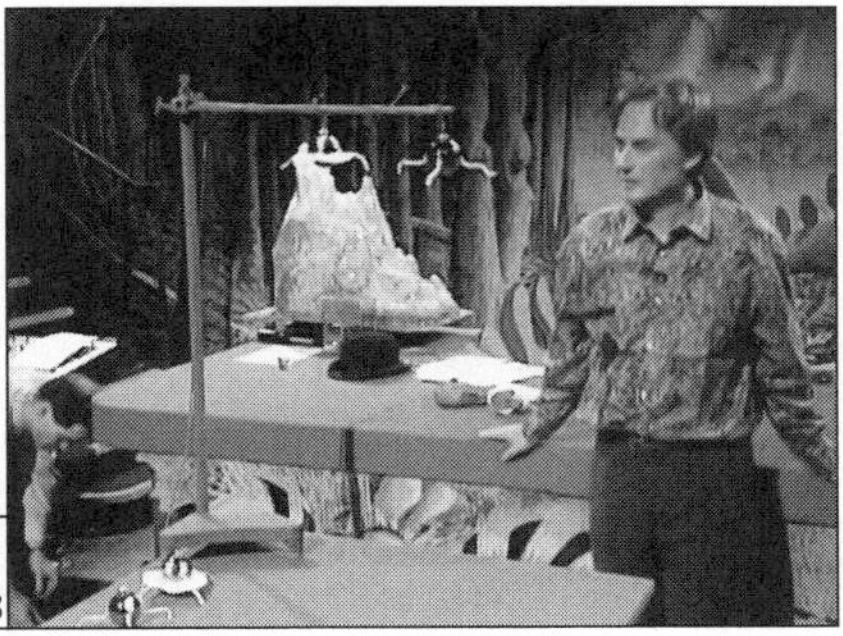
3－43

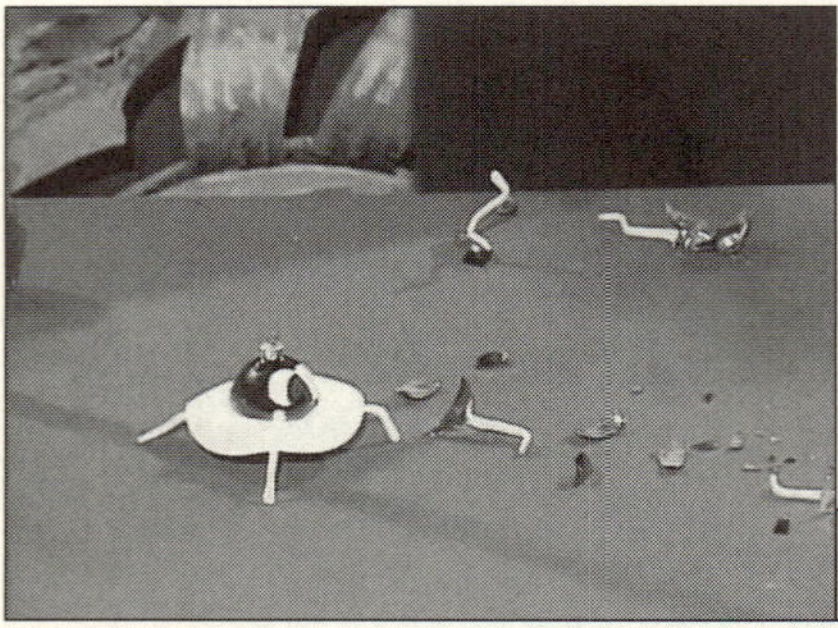

3-44

（残りの二つが落ちる。スカートのないほうは壊れる）（図3-44）

枝を高くすると、こんなちっぽけな翼でも役に立つことがわかります。たったこれだけでもいったん翼ができてくると、次にもう少し長い翼が「自然選択」によって選ばれることになるでしょう。そうなれば、より高いところから落ちることができるし、この大きさの翼の元とより大きい翼の元とでは違いが生じてくることになります。要は、途中で途切れることなく、進化上わずかずつ、より高いところから落ちることができるようになっていって、少しずつ翼が長くなっていくということです。

グライダーのような滑空飛行というのは、実際に進化上何度も出現してきています。半分の翼といえるようなものを持った動物はたくさんいるのです。

これはトビヘビが木の上を這っているところ（図3-45）。まったく普通のヘビのように見えます。ところがいったん木を飛び出すと、体が横に平べったくなって風に乗り、下のほうに飛んでいってけがをすることなく別の木に着陸することができる（図3-46）。これは翼へ進化する第一歩だと考えていいでしょう。ヘビは翼を持つように進化しませんでしたが、翼へと通じる一つの道でしょう。

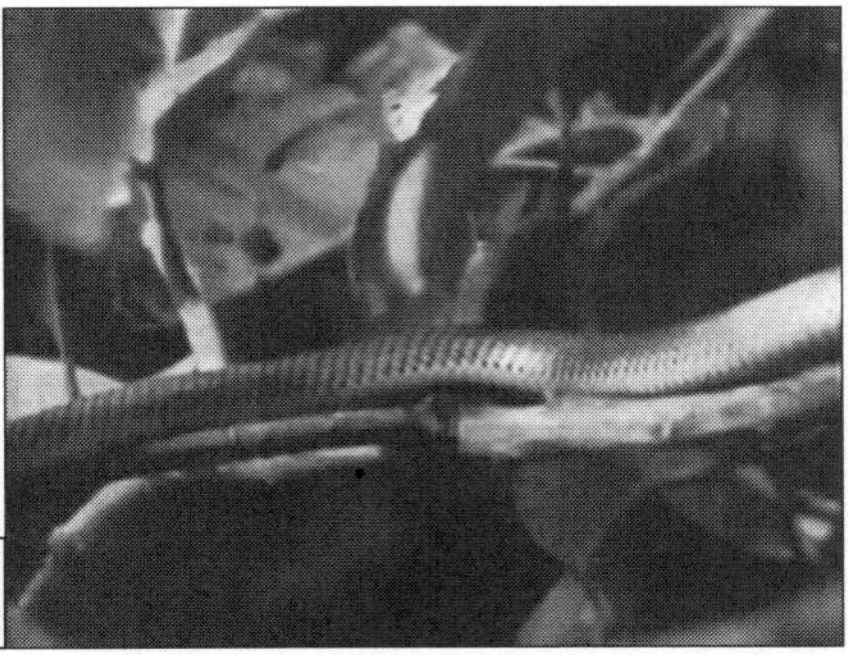

3-45

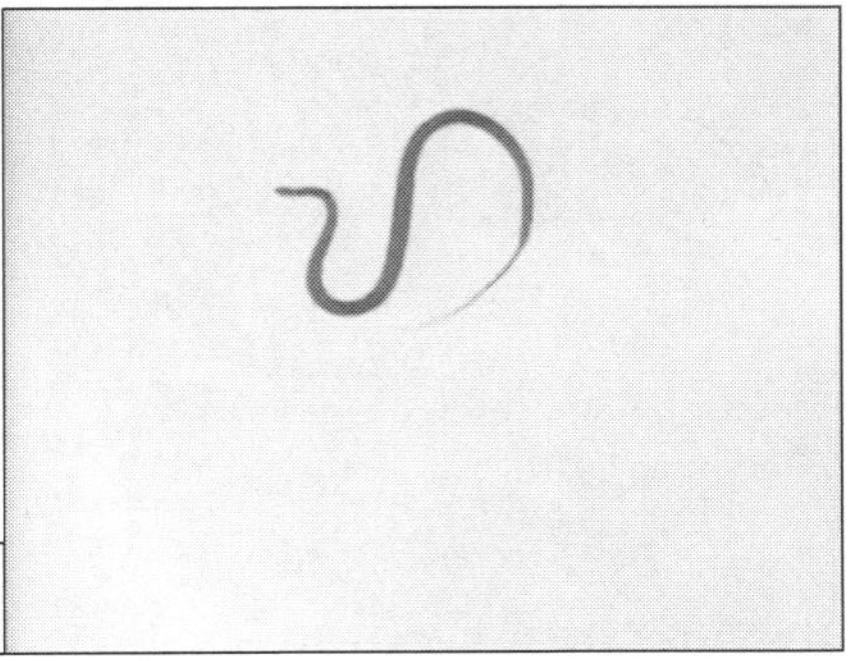

3-46

3-47

こちらは樹上性リスの仲間のムササビです（図3-47）。手と脚のあいだが余分な皮膜でつながっていて、それを使ってグライダー滑空することができる。とてもよくコントロールされた滑空ができて、ずっと下まで降りていけます。羽ばたくことはできませんが、まったく無傷で上手に近くの木に飛び移ることができる。これも五〇％の翼をもった動物の例です。

三番めの例はトカゲ。これはあばら骨のあいだの皮膚が伸びたものです（図3-48）。

これらは翼が進化していくためのさまざまな道筋を示しています。どれも十分な翼にまで

3-48

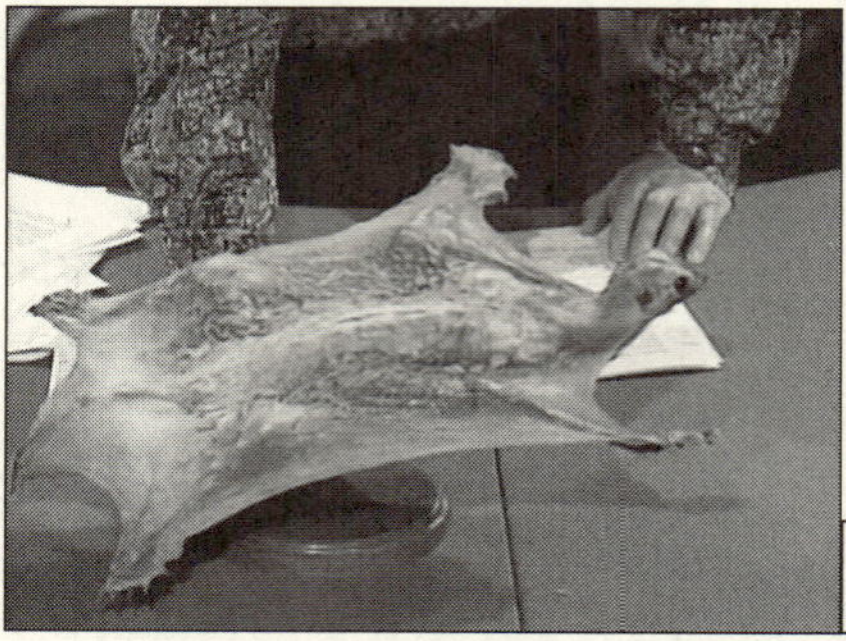
3-49

はなっていないけれど、翼の原型を示していると言えるでしょう。ですから、半分や四分の一の翼でも十分に役立つばかりでなく、実際にそういった類《たぐい》の翼を持っている動物がたくさんいるのです。

これはヒヨケザルです（図3-49）。ちょっと前に見た飛行リスに似ていますがまったく異なる動物で、東南アジア産です。ここまでくると、この先どのようにして飛行キツネ、すなわちオオコウモリが出現してくるか、想像できると思います。コウモリはタカと同様、羽ばたいて飛行することのできる十分な翼を備えています。

カモフラージュ：環境による選択

これまで「一体何の役に立つのか」という類の問題、眼と翼について検討してきました。三番めの問題であるカモフラージュは、やや別の理由から難問と考えられてきたものです。

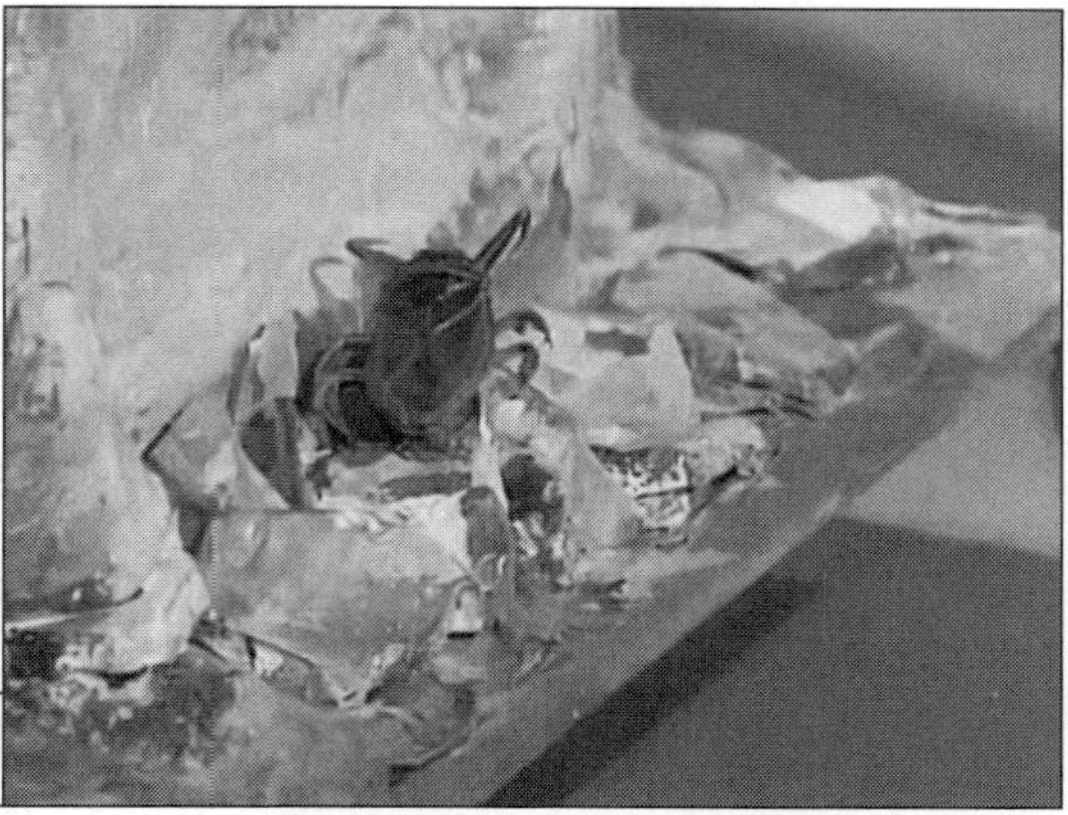

3－50

ナナフシを思い出してください。細かいところまで含めていかに上手に小枝に見せかけていることとか。私たちの知っているナナフシは「不可能な山」の頂上にいますが、もとは麓にあった何かから、どうにかして進化してきたわけです。私は今「不可能な山」の麓に、まったく小枝とは似ても似つかないものを置きます。この丸い虫です（図3－50）。そして、この丸い虫から頂上にいるナナフシまで、ゆっくりとした進化が起こったことを想像してください。

重要なのは、鳥たちが昆虫を選択することによって、この昆虫の子孫は「不可能な山」を登ることになったということです。鳥たちが進化を推進した。そして九九％ナナフシから一〇〇％ナナフシへと最後の一％を後押しするためには、鳥たちは驚くほど鋭い視力を持っていたことになる。ナナフシが鳥たちをだますためにおそろしく手の込んだ擬態を必要としたということは、とりもなおさず、鳥たちの識別能力がいかに優れていたかということになります。

ここで問題になるのは、この同じ鳥たちあるいはその親類が、「不可能な山」の麓においても、まだ

3-51

小枝に似ても似つかないころの虫たちによってだまされなければならないということです。なぜならこの同じ鳥たちこそが、昆虫たちを、一%の小枝似から二%の小枝似へ、さらに二〇%から二一%の小枝似へ、そして九九%から一〇〇%の小枝似へと、一貫して押し上げていくことになるから。

ダーウィン説の反対論者たちは、鳥たちは「不可能な山」の頂上付近で微細な見分けによる自然選択をするほど賢いか、麓付近でおそろしく下手なカモフラージュにだまされるような選択をするほど愚鈍かの、いずれかでしかなく、どちらも事実だということなどありえないと言うわけです。

みなさんもこの矛盾を解消する答えを探してみてください。一つの考え方は、このあいだ鳥たちも、昆虫たちと同じように進化しているはずだというものです。しかし私は、むしろ同じ鳥たちだと考えたい。彼らは麓から頂上まで、一貫して同じように素晴らしい視力を備え、同じように賢かった。ただ見ている場面状況が異なっていたのではないでしょうか。

ここに森の中の地面を再現して、一六匹の昆虫を入れておきました（図3－51）。あなたがたの座っているところからは、そのうちの何匹かが見えると思います。ここがポイントです。遠くから眺めた場合、昆虫のうち数匹しか見えない。同様に、私がここから斜めに見た場合、わずか一、二匹しか目に入りません。

とりあえず、距離だけにしぼって考えてみましょう。遠くからは、おそらく黄色い蝶、青い甲虫、緑色の甲虫、そして赤い甲虫くらいが見えるでしょうか（図3－52）。ですから、あなたが鳥だった場合、遠くからでも結構いろいろ見ることができます。

今度は少し寄ってみましょう。さらにいろいろ見えてくる。黒い甲虫や緑色のもの、そしてゴキブリもいます（図3－53）。中距離にいる鳥からはゴキブリが見えますが、長距離にいる鳥には黄色い蝶が見える（図3－54）。

★3－52

3-53

★3-54

3-55

今度はぐっと寄ってみましょう。ごく近距離にいる鳥にはもっと別のものが見えてくるでしょう（図3-55）。これはコノハチョウです。そしてあちらはコノハムシ。ナナフシもいます。つまり、鳥の視力が同じでも、見ている場所（この場合距離の違い）によって見える物が異なってくるのです。

これで、眼と翼とカモフラージュという、三つの難問を解き明かしたことになります。

ミイデラゴミムシの場合

最後に、「創造説」論者が好んで引き合いに出す、悪名高いミイデラゴミムシの話をしましょう。

ここに《デイリー・テレグラフ》紙の見出しがあります。『ダーウィン説を揺るがす虫』というもので、

「もし進化が正しいのであれば、それは自爆している」

と続く。この甲虫が「創造説」の証拠となるのではないかという内容でした。ミイデラゴミムシの話は「創造説」のパンフレットに書いてあったものです。

「ミイデラゴミムシは敵の顔に向けて、ヒドロキノンと過酸化水素の破壊的な混合液を噴射する。これら二つの化学物質は、混合すると敵の顔面で爆発する。このように複雑な計算された巧妙なプロセスが進化してくるために必要な一連の出来事は、単純な一歩一歩の積み重ねによる生物学的な説明では到底カバーしきれない。ほんのわずかの科学的なバランスの違いが、直ちに次々と甲虫の自爆死を招くことになるから」

これは少し難しい問題のようです。しかし、難しいからといって責任を放棄して逃げるわけにはいきません。

ここに過酸化水素とヒドロキノンを用意しました（図3-56）。これらを混ぜると爆発するはずですね。退室したい人はしていいですよ。まず過酸化水素から。（シリンダーに過酸化水素を注入する）今度はこれにヒドロキノンを加えます。（ヒドロキノン注入）（図3-

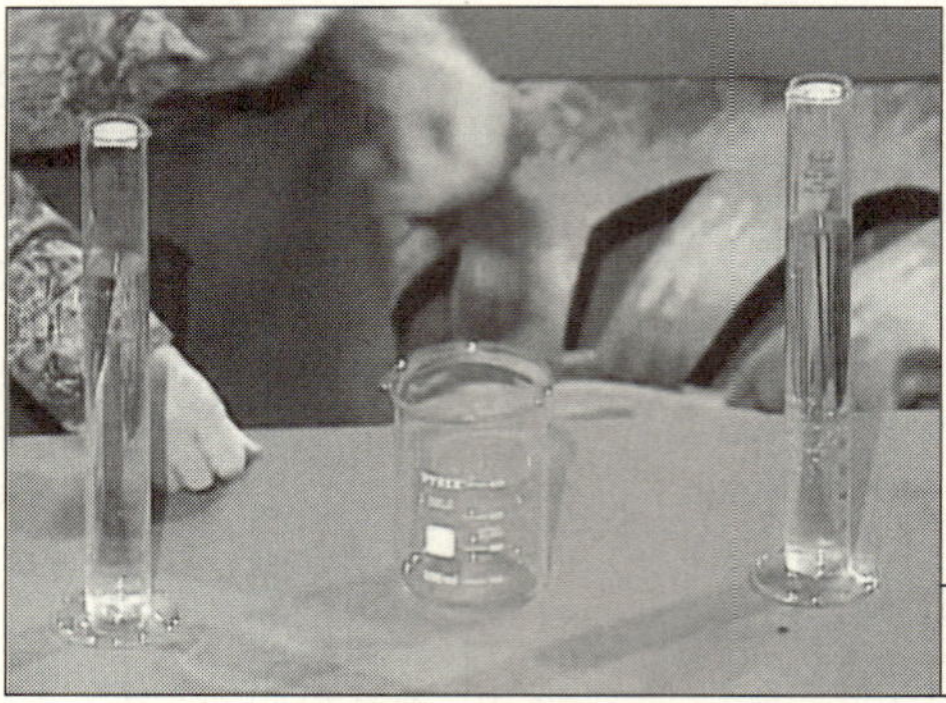

3－56

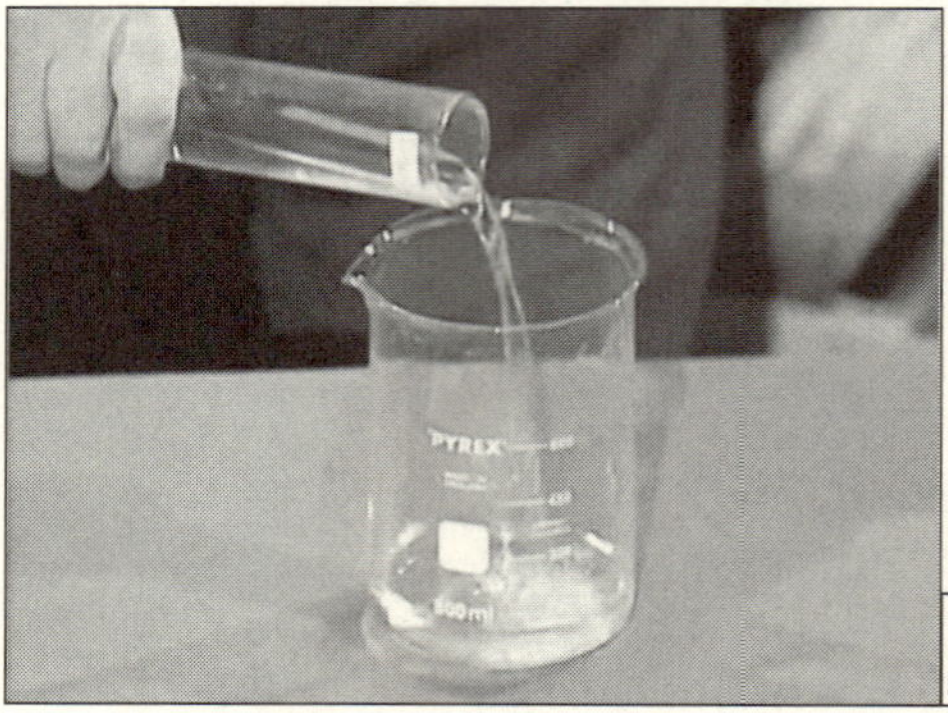

3－57

57）どうしたのでしょう。温かくさえならない。ちょっと期待はずれです。

この話にはいくばくかの真実も含まれています。実際にはヒドロキノンは何もしない。過酸化水素自体は分解して酸素と水になりますが、分解するには通常触媒を必要とします。ここにある黒い粉末が触媒です（図3－58）。ミイデラゴミムシが使っている触媒とは違いますが、ミイデラゴミムシは確かに触媒を使うし、熱い物質を敵の顔面に噴射する。

過酸化水素の薄い溶液に触媒を入れると、わずかに泡が出て、少しだけ温かくなります（図3－59）。敵に対してはこれでも少しは役に立つでしょう。これなら甲虫自体には危険がなく、それでいて敵を少しは防ぐことができるはずです。

過酸化水素の濃度をもう少し上げて、そこに触媒を入れると、ハッキリとわかるほど温かくなる（図３－60）。これなら敵に対してよりいっそうの効果があるでしょう。ゆっくりと進化のスロープを登り、わずかずつ過酸化水素の濃度を上げていくことによって、敵に対して効果の高い攻撃液を作ることができます（図３－61）。

ミイデラゴミムシ、あるいはまだ説明されていないほかの生命現象が、ゆっくりとした漸進的な進化によっては説明できないという迷信は、この際、煙と化すべきです。

進化は、長い時間の中の幸運の積み重ね

複雑な器官を一挙に作り上げるというのは、奇跡に等しい。銀行の金庫のダイヤル錠を、たった一度の操作で開けてしまうのと同じで、不

３－58

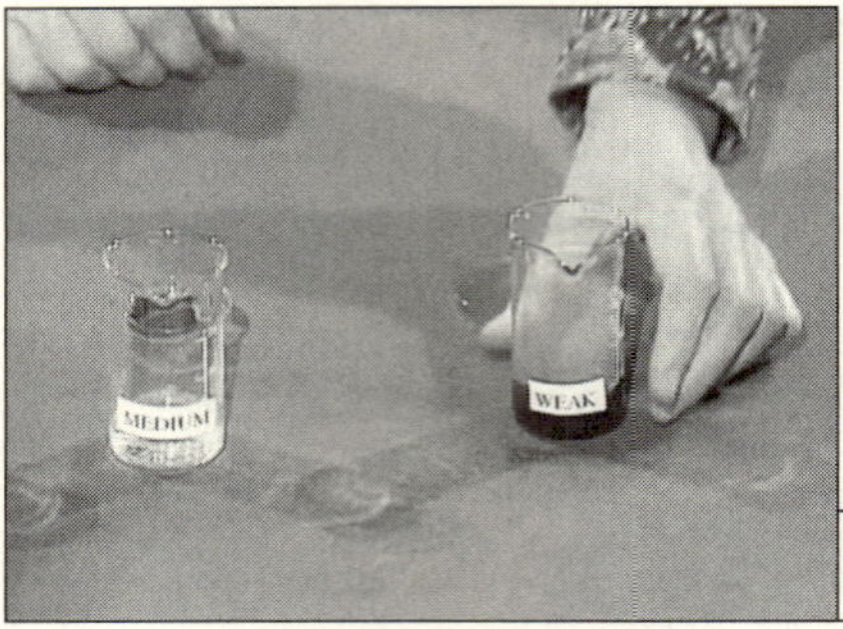

3-59

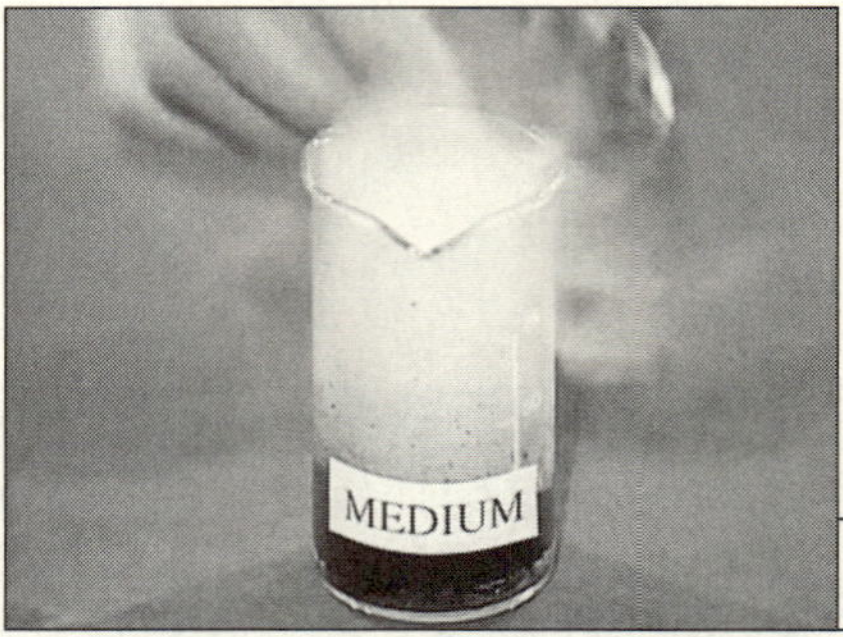

3-60

3-61

可能です。

　いずれにしてもこの章では、ボーイング七四七型機の話のバリエーションをいろいろ示しました。眼や翼のように複雑で効果的に働くものを、たった一つのステップで作り上げることはできないということです。生命あるいはその一部、器官、動物、複雑さ、完璧さが、何もないところからたった一ステップでできたというような説は、いかなるものも間違いであるはずです。

進化というのは、ボーイング七四七型機の議論に脅《おびや》かされずにすむ唯一の考え方です。なぜなら、複雑な完成されたように見える存在が、たった一つのステップによって作り出されたのではないことを示す唯一の考え方が「進化」だからです。奇跡的な「創造説」こそ、ボーイング七四七型機の論議によって吹き飛ばされてしまったのです。なぜなら、奇跡的な「創造説」というのは、金庫のダイヤル錠を一発で開けたり、ごみ処理場で風のひと吹きによって七四七型機が組みあがる、ということに等しいのですから。

「進化」は奇跡というシミが付かずにすんでいます。シンプルでありながら絶大に効果的な「幸運を積み重ねる」というやり方を、地質学的な長大な時間軸上に引き伸ばすことによって、非常に確率の低いことも可能にしているのです。

第4章　紫外線の庭

人間中心の視点を捨てる

以前六歳の少女を連れて郊外をドライブしていたとき、その子が道ばたに咲く花々に気をとられている様子だったので、花は一体何のために咲いていると思うか聞いてみました。するとちょっと考えて、二つあると言う。世界を美しくするためと、蜂が蜜を集めるのを手伝うためだと。いい答えだと思いましたが、残念ながら本当はそうじゃないと言わなければならなかった。

その子の答えは、昔からほとんどの人々が出してきた答えとさほど違っていません。聖書の第一章にも、

「人間はすべての生物の統治者である。動物と植物はわれわれの利益のために存在する」

とあります。この考え方は中世を通してまったく疑問をもたれず、今日《こんにち》に至るまで続いています。

中世のある敬虔《けいけん》な信者は、雑草というものは、それを引き抜くことが人間の精神衛生上いいから、そのために存在するのだと考えたし、またある牧師は、シラミというものは、清潔にしようという強い動機を人々に与えるから、必要不可欠なものであると考えた。そもそも動物というものは、積極的に人間に仕えたいのだ、人間に食べてもらいたいのだ、という議論さえあるくらいです。

この考え方は、私の好きなダグラス・アダムス著『銀河ヒッチハイク・ガイド』というシリーズの一節を思い出させます。ダグラスにその一節を朗読してもらいましょう（ゲストのダグラス・アダムスが朗読する）。

「大きな酪農動物が、ザフォッド・ビーブルブロックスのテーブルまでやってきた。肉付きのいい、牛のような、四足の、目がうるうるして、小さな角があって、口元に愛想のいい笑みをたたえたやつだ。

『こんばんは』とそいつは太い声で言って、どっかりと腰を下ろした。『わたしが今日のメインディッシュでございます。体のどのあたりがお口に合いそうか、お薦《すす》めしましょうか』

そう言うと、すっかり面食らったアーサーと、まるっきり腹ペコなザフォッド・ビーブルブロックスをまじまじと見た。

『肩のあたりはいかがでしょう。白ワインソース煮なんかよろしいかと』と薦める。

『エーッ！　き、君の肩だって⁉』恐れおののいてアーサーがかすれ声で言う。

『もちろんわたしの肩でございます』そいつが自信たっぷりに太い声で言った。『わたしが別の誰かを提供するわけにはまいりませんから』

ザフォッドは勢いよく立ち上がると、その動物の肩を、興味ありげにつついたり触ったりしはじめた。

『あるいは尻のほうもとても上等でございます』その動物はささやく。『運動を欠かしませんでしたし、穀物もたくさん食べてますので、そこにたくさん上等な肉が付いております』

『この動物は、本気でわれわれに自分を食べてほしいって言ってるの!?』アーサーは驚きの声を上げた。『なんてひどい！　そんな気味わるい話聞いたことない』

『一体何が問題なんです、地球のお方？』ザフォッドが聞いた。

『目の前に立って、どうぞ食べてくださいって言う動物を食べるなんていやだよ』とアーサー。『だって残酷じゃないか、そんなの』

『食べてほしくないって思ってる動物を食べるより、ましなんじゃないですかね』とザフォッド。

『そこが問題なんじゃない』アーサーが反論する。それからちょっとばかり考えて、『いや、それが問題なのかもしれない。どっちでもいいや。今それを考えるのはやめた。ぼくはグリーンサラダだけでいいから』

『レバーのほうもまた特にお薦めなんですが――』その動物が言う。『とにかく何カ月もかかって詰め込み食いしましたから、もうすっかり肥えてやわらかくなってるはずです』

『グリーンサラダでいい』キッパリとアーサー。

その動物は不満げにアーサーを見た。

『一体君は』アーサーがかみついた。『ぼくがグリーンサラダを食べちゃダメだとでも言うの？』

『いえその――』とその動物、『大部分の野菜は、その点とてもハッキリしてると思うんです。だから動物のほうも、ごちゃごちゃした難しい問題の核心をバッサリ切って、自らすすんで食べてもらいたがる、そして誤解されないようハッキリとそう言える動物っていうのを、品種開発したんです。それがわたしってわけなんです』

『水を一杯』アーサーが言った。

『俺たち腹ペコなんだろうが？』ザフォッドが切り込む。

『俺らステーキ四枚ね。すげーレアーでたのむわ、大急ぎで』

動物はあわててぎこちなく立ち上がった。『たいへんよろしい選択だと思います。すばらしい！』と、がら声で滑らかに言い、『いま急いで向こうに行って、自分を撃ってまいります』

続けて、アーサーに向かって親しそうにウィンクした。

『どうぞご心配なく。できるだけ慈悲深くやりますから』

これはずいぶんと風変わりな話に聞こえるかもしれませんが、動物は人間のために存在するのだという考え方は、私たちの文化の中では主流を占めています。私たちは、まったく新しいやり方で世界を見る必要がある。いつも人間中心の視点ではなく、ほかの動物の視点からも物が見えるようになるべきです。

花はハチを利用し、ハチは花を利用する

ハチからみると、花は花粉や蜜を自分たちに提供するために存在するんだ、と言うかもしれない。これも十分正しいとは言えないけれども、私たちが、花は人間のために存在するのだと考えるよりは、より的を射ているでしょう。実際、少なくとも派手な色をした花は、ある意味ハチによって育種栽培されたとも言えるからです。私がハチと言うとき、それは蝶や他の花粉媒介者をも含めています。ですからこの章のタイトルに「庭」という言葉を入れたのです。

でもなぜ「紫外線の庭」なのか。紫外線というのは私たちの目には見えません。普通の光と同じようなものですが、波長が異なるために私たちには見えないのです。しかしハチにはハッキリとその色が見える。ちなみにハチには赤色が見えません。

ですから花は、ハチの眼にはまったく違うように見える。同じように、「花は何の役に立つか」という質問も、ハチの眼を通して考えてみる必要があります。ハチは、私たちとはまったく違った方法で形を見ている。彼らが木の葉や花などの複雑な形を見ているとき、おそらく「フリッカー」のように、光が明滅するような感じで見ているのでしょう。

4－1

では、花にとってハチは、どんな役に立っているのか。花は生殖器官で、「自然選択」によってオス細胞とメス細胞が作られ、一緒になったものです。全部ではないけれど、ほとんどの花が自分で交配してしまわないのには、それなりの遺伝的理由があります。一つの花がめしべと花粉を持っているので、自分で交配してしまうのは本当に簡単なのです。でも彼らはハチや蝶、ハチドリなどの花粉媒介者を使って、花から花へ花粉を運んでもらいます。

　普通は蜜を見返りにしてこの仕事をしてもらう。これはハチドリが花から蜜をもらっているところ（図4－1）。派手な色は（ロンドン市にあるネオン広告で一杯の広場）ピカデリーサーカスのようなもので、ハチドリやハチに、ここに食べに来なさいと宣伝しています。

　このための蜜を作るには、元手がかかります。ですから、なかにはこの蘭の花のように、蜜を作らずに済ませてしまうものもあります。これは蘭の一種、ハンマーヘッド・オーキッドです（図4－2）。メスのハチの姿に似ているので、オスが花をメスと間違えて、交尾しようとする。オスが乗っかると、ハチの動きに合わせて、その部分がちょうつがいがついたように前後に揺れるので、オスは花粉の袋に突撃することになり、結局花粉袋がハチの背中にくっつく（図４－３）。花粉袋を背負ったハチは飛んでいって、また別の花と交尾しようとし、同じことが起こって受粉させるという仕組みです（図４－４）。

こちらはバケツランで、さらに巧妙なトリックを使います（図４－５）。この花は、まず液体をバケツの中にしたたり落とす。ある特殊な緑色のハチはこの液体に誘われて花にやってきて、そのバケツの中に落ちる。囚われの身となったハチが脱出する唯一の道は、花が用意した特別の抜け穴を通ること（図４－６）。唯一の抜け道であるその穴の途中に花粉袋がしか

★４－２

４－３

４－４

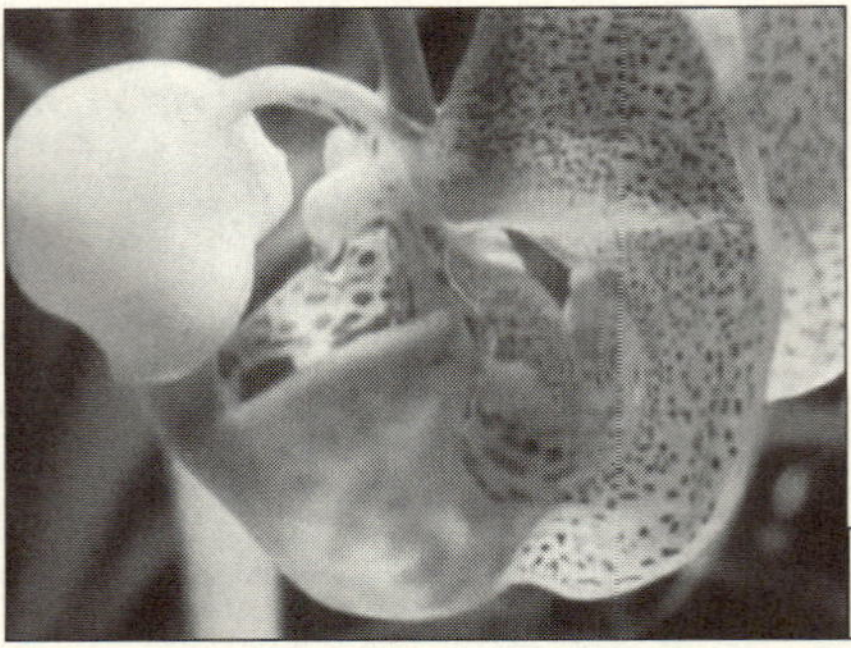
★4-5

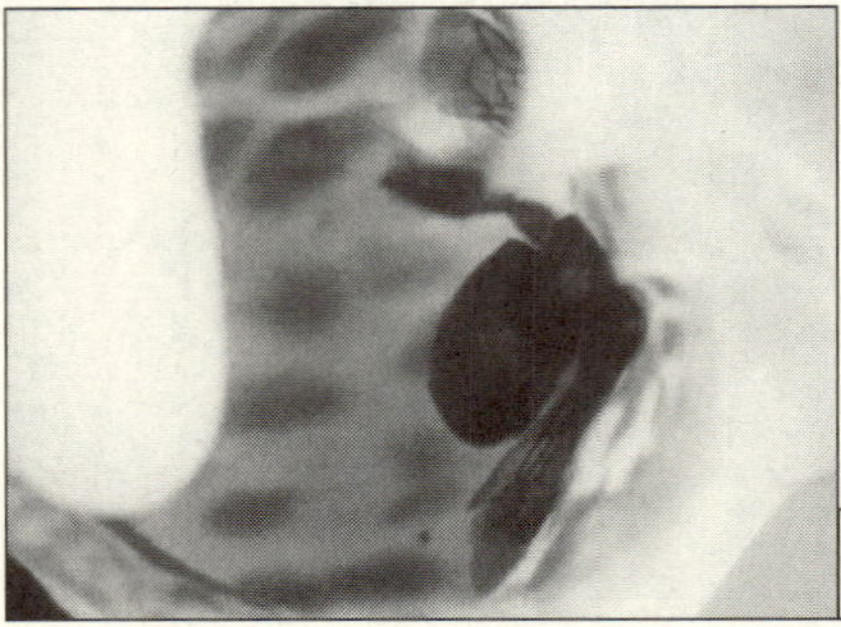
4-6

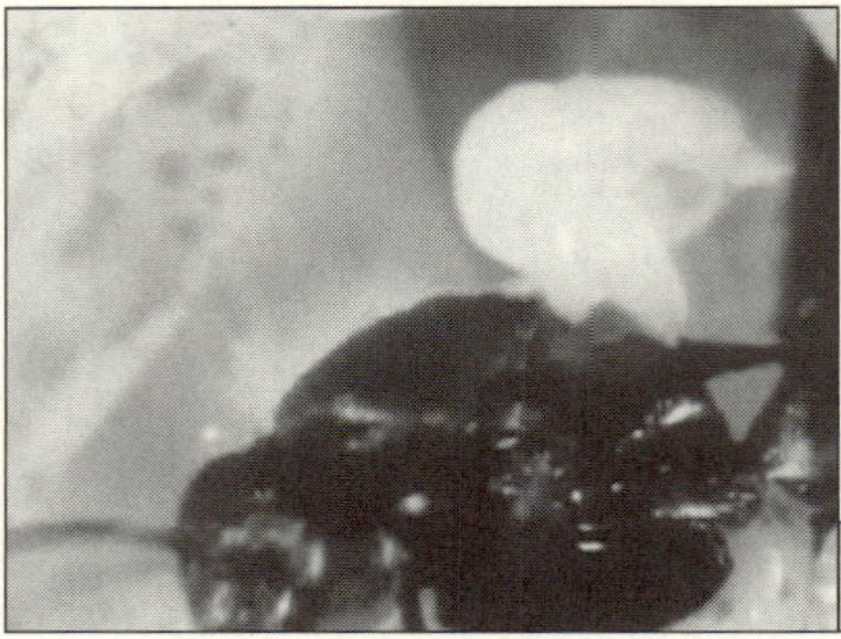
4-7

けてあって、ハチが通る際その背中にくっつくようになっている（図4-7）。

やっと脱出したこのハチは、花粉袋を背負ったまま別のバケツランのところに飛んで行って、まったく同じことを繰り返す。まず溺れそうになり、穴を見つけて這い出し、這い出すときに今度は花粉袋がハチの背から外れて、この蘭を受精させることになる。つまりバケツランは、ハチをだまして、彼らの翅で花粉を運んでもらう仕掛けになっているのです。

ハチによる花粉媒介サービスというのは、本当に大規模なものです。あるドイツ人の計算によると、ドイツ国内だけでも、ひと夏にハチたちは、なんと一〇兆もの花に花粉を媒介しているといいます。また、人間の食料の約三〇%は、ハチによる花粉媒介に頼っているとみなされている。したがってハチがいなくなると、食料の三〇%が消えてしまうことになります。

ミツバチに限らず、ハチの世界は花に頼って成り立っています。ハチには実にたくさんの種類があって、その多くは社会を作らず個体で生活しており、ハチの幼虫は、ほとんどが花粉を餌にして育つ。ハチは花粉を幼虫の餌にし、蜜を飛行のエネルギーにし、それらすべてを花が提供している。ハチは蜜をもらうためによく働きます。ちなみに一ポンド（約四五〇グラム）の蜂蜜を作るためには、ハチは一千万個のクローバーの花を訪問する必要があります。

このように花はハチを利用し、ハチは花を利用しています。お互いにパートナーとして影響を与えあい、互いに相手を飼いならし、育てている。紫外線の庭は双方向の庭なのです。

共生関係と反共生関係

しかし、花とハチが共生関係の方向に進化してきたからといって、生物が常に互いの利益のために働くと考えるのは早計です。レイヨウ（カモシカに似た動物）はライオンのために存在し、ライオンはレイヨウの利益、すなわち群れの数をある水準に抑えるために存在する、と考える人もいますが、これは、牛は私たちの利益のために喜んで殺される、という考えと同じくらいばかばかしいものでしょう。

花とハチのかわりに、コウモリを引き合いに出したほうがよかったかもしれない。コウモリはただハエを食べたいから食べているのであって、ハエの利益を考慮して食べているのではまったくないから。ハエのほうだって、コウモリの利益のために食べられているのではないし、コウモリがいないほうがずっと嬉しいはず。ですから、花とハチのような共生関係をつくる生物もありますが、コウモリとハエのような反共生関係にある生物のほうが、はるかに多いのです。

実際コウモリは、ハチが見る紫外線の庭と同じように、あるいはそれにも増してユニークな視点を提供します。コウモリは、私たちの耳には聞こえない声を発して飛んでいます。エコーロケーション（反響定位）の鳴き声と呼ばれるもので、この反射音によって周りの世界がわかるようになっている。ですから、紫外線の視覚を通してハチには世界が違って見えるとすれば、聴覚を通して「見る」コウモリには、世界がどれほど違って見えることでしょう。「花はハチを自分の目的のために利用する」と言うとき、あるいは「コウモリはハエを自分の目的のために利用する」と言うとき、一体何を意味しているのか。花やハチやハチドリやコウモリは、一体何のために存在するのか。これはなかなか奥が深い問題で、ここではこのことについて考えてみましょう。

コンピュータウイルスやDNAの自己複製機能

コンピュータウイルスは本当に厄介なものです。でもコンピュータウイルスとは一体何か。誰かによって書かれた一種のプログラムですね。でもワープロのような複雑で精巧なものではなく、非常にシンプルで、たった一つのことだけをするようにできている。つまり「私をコピーしてばらまけ」というものです。

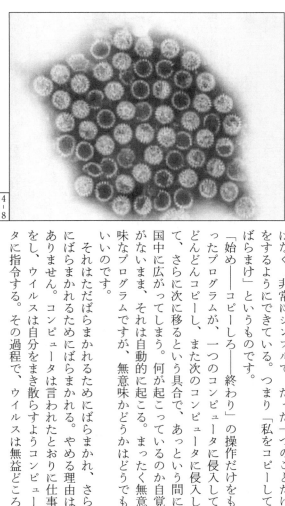

「始め――コピーしろ――終わり」の操作だけをもったプログラムが、一つのコンピュータに侵入してどんどんコピーし、また次のコンピュータに侵入して、さらに次に移るという具合で、あっという間に国中に広がってしまう。何が起こっているのか自覚がないまま、それは自動的に起こる。まったく無意味なプログラムですが、無意味かどうかはどうでもいいのです。

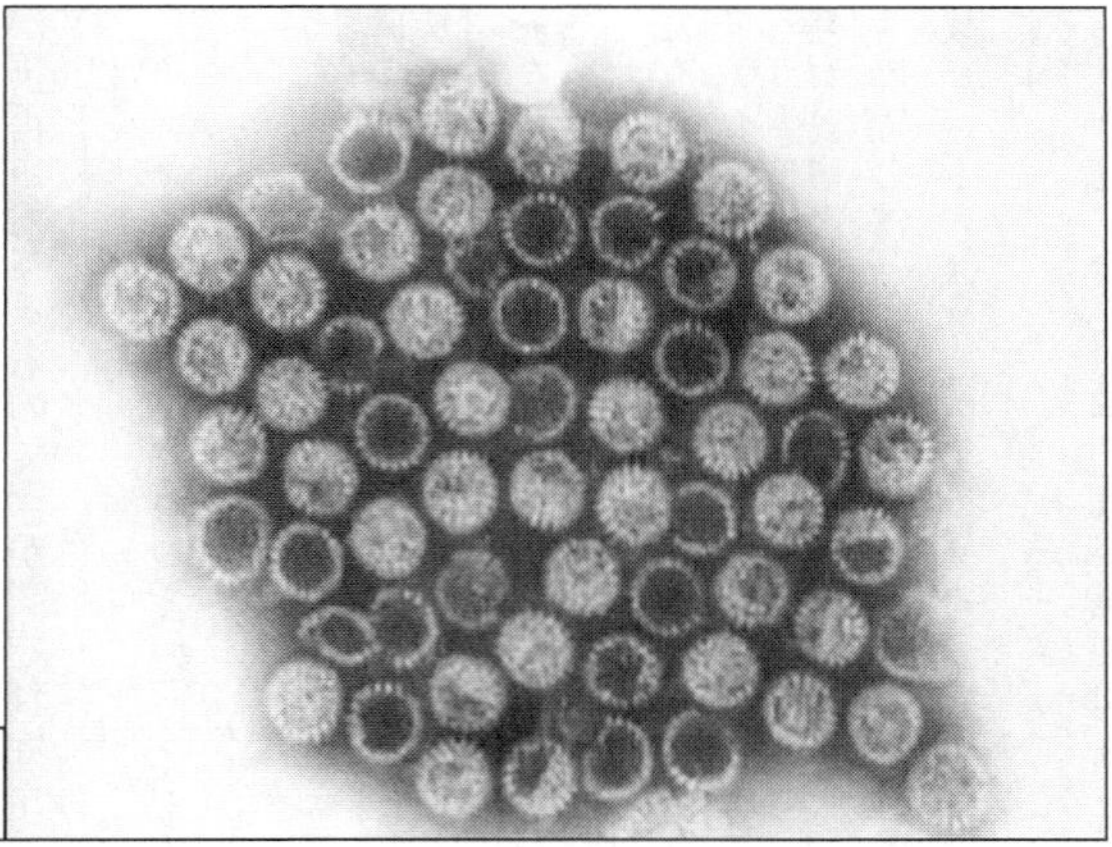

4-8

　それはただばらまかれるためにばらまかれ、さらにばらまかれるためにばらまかれる。やめる理由はありません。コンピュータは言われたとおりに仕事をし、ウイルスは自分をまき散らすようコンピュータに指令する。その過程で、ウイルスは無益どころか損害さえ与えるのですが、それはウイルスにとってもコンピュータにとっても知ったことではない。

インフルエンザなどを引き起こす本物のウイルスのほうも、似たようなものです（図4-8）。コンピュータ言語ではなくDNAの言語で書かれていることを除いて、両者は似たような働きをする。自分のコピーを作ることが目的で、そのために必要最小限のプログラムを備えている。もう一つの違いは、コンピュータウイルスは人間が作ったものであるのに対し、DNA型のウイルスは「自然選択」によって出現したという点です。いずれにしても、「自分をコピーせよ」という指示を出すDNAは、広くばらまかれることになります。

DNAがやっていることも無意味に見えますが、そんなことはどうでもいいのです。そこに存在するために存在し、さらに存在するために存在するのですから。

ウイルスが、DNAでできていようとコンピュータ言語でできていようと、彼らの仕事は実にやりやすくなっています。既成のコピー機がすでに備わっているから。DNA型ウイルスの場合は、私たちの細胞がコピー機の役割を果たし、コンピュータウイルスの場合は、コンピュータ自身とクリック一つで、自己複製型のウイルスプログラムがわが世の春を謳歌します。

しかしこれらの自己複製機械は、一体どこから来たのか。突然発生したわけではなく、作られたのです。コンピュータの場合は人間が作り、DNA型ウイルスの場合は、ほかの生物の細胞が作った。ではほかの生物、人間やゾウやカバなど、ウイルスの繁殖に貢献しているものたちは、一体誰が作ったのか。

それは、その動物の自己複製DNA、人間やゾウやカバのDNAが、それらの生物自身を作ったのです。では、私たちや木々のような大きな生物は、一体誰のために存在しているのでしょう。

われわれはDNAによって作られた機械であり、その目的はDNAの複製にある

ウイルスから見れば、私たちは彼らの利益のために、この世に生み出されたということになる。でもこれでは、私たちがそもそもどのようにして存在するにいたったかを説明していない。ですから今一度視点を変えて、コンピュータウイルスのほうを見てみましょう。

コンピュータウイルスを作るのは実に簡単で、どんな子供でもできます。しかし、もしウイルスの指令を実行する既成のコンピュータがなくて、一からスタートしなければならないとしたらどうか。これは大仕事です。ただ「私をコピーしろ」と指令を出すだけでは何も起こらない。既成のコンピュータやコピー機がない状況で本当に自己複製しようとするなら、まず「私をコピーする機械を作れ」と言うところから始めなければならない。

またそれ以前に、「私をコピーする機械を作る部品を作れ」と言わなければならないし、その前に、「部品を作る材料を作れ」と言わなければならないし、といった具合にどんどんさかのぼっていくことになります。

この精巧なプログラムを「完全自己複製プログラム」と呼ぶことにしましょう。この「完

全自己複製プログラム」は、普通のコンピュータよりもっと制御能力が高く、自分自身と同じ機械を複製するために、ものを摑んで組み立てる産業ロボットの手のようなものまで備えている必要があります。

しかし、それでもまだ十分ではない。ロボットは、自分の手の届く範囲の物しか摑めませんから。「完全自己複製プログラム」を動かすには、世界中を回って必要な材料を集めるための足も必要になります。

ロボットは実際大変役に立つ。放射能を浴びても平気ですから、放射能を帯びた場所や、原子力発電所内部の人間が行けないような場所に行って修理の仕事などをすることができます。

今想像しているロボットには、主プログラムを制御するコンピュータが備わっていて、その主プログラムは、「プログラムをコピーするだけでなく、コピーに必要な装置もコピーしろ」と、自己複製を目的とした指示を出す。そして産業用の腕と目を備えたこのロボットは、世界中を歩きまわって自分の役目を果たすわけです。

こういう自己複製型ロボットはまだできていません。現代コンピュータの父、ジョン・フォン・ノイマンによって、こういうロボットの理論的な可能性が議論されたことはありますが、まだ実現するに至っていない。

しかし、ちょっと待ってください。私としたことが何を言っているのでしょう。それならゾウやカバや私たち人間は一体何なのか。

ナナフシを、今まで考えてきたようなロボットだと考えてみてください。コンピュータを搭載し、「世界中を歩きまわれ」「原材料をピックアップしろ」「原材料となる植物を食べろ」そして「植物原料をもとにして、ちょうど同じ型の新しいロボットたちを作れ」といった指令を実行しているではないですか。それが終わると今度はまた新しいロボットが、そこら中を歩きまわって、食料を摂取し、ちょうど同じ型の新しいナナフシたちを作る。そして毎回繰り返されるこの作業の目的は、この指令プログラムを継承していくことにあります。

カメレオンも人間もゾウも同じ。これが人間やゾウの本質です。ゾウはDNA言語で書かれたコンピュータ・プログラムから大きく派生したものなのです。ゾウは自分の自己複製プログラムを備えたロボットで、おそろしく巨大なロボットです。

私たちのDNAは自分の自己複製機を作る。私たちは、DNAがひたすら同じDNAのコピーを作るために組み立てられた機械なのです。

生命の起源

いったんこのプロセスが始まってしまえば、あとはスムーズにいきますが、そもそもこの自己複製機はどのように始まったのか。この答えを探すためには、ずっと時代をさかのぼる必要があります。三〇億年、あるいは四〇億年もさかのぼる必要があるでしょう。そのころ、世界はまったく様相を異《こと》にしていました。生物あるいは生命の兆しもなく、物理と化学の世界でした。

生命は原始スープと呼ばれるものから始まったと言う人もいます。海の中にある簡単な有機化学物質の入った、薄いスープです。実際何が起こったのかハッキリわかってはいないけれども、物理と化学の法則に従って、自己複製の性質を持った分子ができてきた。そして、ダーウィン進化と生命が始まったのです。

この分子の出現は、大変な幸運に見えますが、とにかくたった一度だけ起これればよかった。しかも、宇宙にある無数の惑星の中で、たった一つの惑星でだけ起こったのかもしれない。今話しているようなこの地球で起こった幸運な出来事というのは、本当にまれで、ある年に別の惑星で起こっている可能性は、ほとんど限りなくゼロです。このことだけでも、この幸運がいかに大変なものかわかろうというものです。もちろん、もし宇宙の中で、たった一つの惑星でだけこれが起こったとすれば、その惑星というのは、間違いなくこの地球のことです。私たちがここでこうしてそのことを話しているのですから。

しかし、おそらく生命が生まれる可能性というのは、それよりはずっと高いもので、宇宙には、生命体が存在する惑星はたぶんたくさんあるでしょう。

また、生命が生まれるのは非常にまれなことだけれど、一つの惑星でそれが起こると、スウェーデンの化学者アレニウスが「パンスペルミア」と名づけた過程を経て、ほかの惑星にも次々と広がり移っていくという考え方をする人もいます。ここにあるのはカール・シムズがスーパーコンピュータ「コネクション・マシーン」を使って作った、「パンスペルミア」の空想アニメの一部です。シムズ自身はパンスペルミア説をあまり信じていないようですが、

4-9

4-10

4-11

4-12

4-13

アニメとしては面白くできています。

まず胞子が遠い別の惑星からやってくる（図4‐9）。胞子が膨らんで破裂し、DNAに相当するような遺伝物質がこの惑星にばらまかれる（図4‐10）。そしてそれぞれのユニットから、植物と呼ぶようなものが生えてくる（図4‐11）。これらの植物は、カール・シムズが勝手に作ったものではなく、バイオモルフに似た、より高度なコンピュータ・プログラムによって進化させて作ったものです。

やがてこの惑星に、違う種類の植物が育ってくる（図4－12）。成長サイクルが一周すると、再び生殖と成長が新たに繰り返される。そして胞子は宇宙に飛び出して行き（図4－13）、生命のサイクルが新たに始まり、遺伝情報は遥かなる地で、別世界を支配するようになる、というわけです。

もちろんこれはまったくの空想に過ぎませんが、宇宙のどこにある生命に関しても、ある程度その本質を突いています。いかなる生命であっても、何らかの形の情報カプセルから始まって、成長と成熟を経て、最終的にまた元の情報カプセルに戻るという、繰り返し起こる生命のサイクルというものがあると思います。

ゾウは巨大な自己複製ロボットだ

私たちの惑星では、自己複製マシーンの原型は、細菌よりはるかに単純なものであったはずですが、現在ではおそらく細菌が、最もそれに近いものでしょう。これは細菌の増殖の過程です（図4－14）。大変な数ですが、一つ一つは結構複雑な構造になっています（図4－15）。まず細胞壁があり、中に遺伝物質の入った染色体があって、細胞は単なるジュースの入った袋ではなく、複雑な構造を持っている。そしてこれが、現在の地球上では、最も単純な自己複製マシーンと呼べるものです。

生命進化の初期の段階で、細菌のようなものが集まって、私たちの体を作っている真核細胞らしきものを形作った。私たちの体を作っている細胞のほとんどが真核細胞（中に核を持

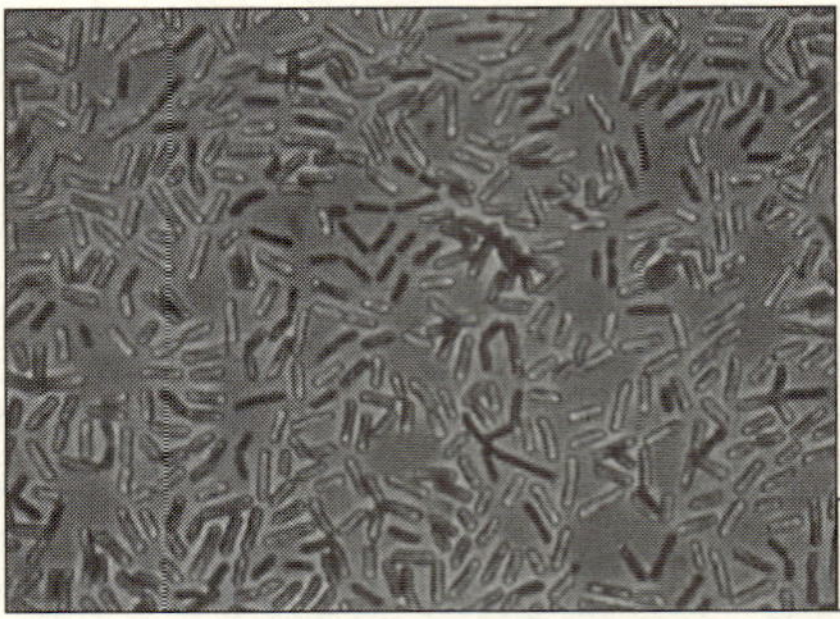
4-14

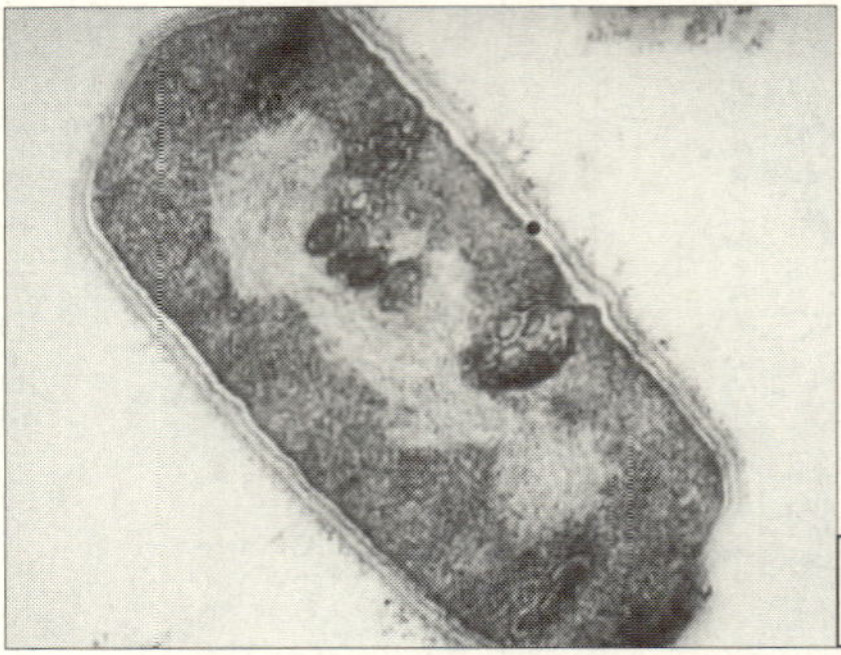
4-15

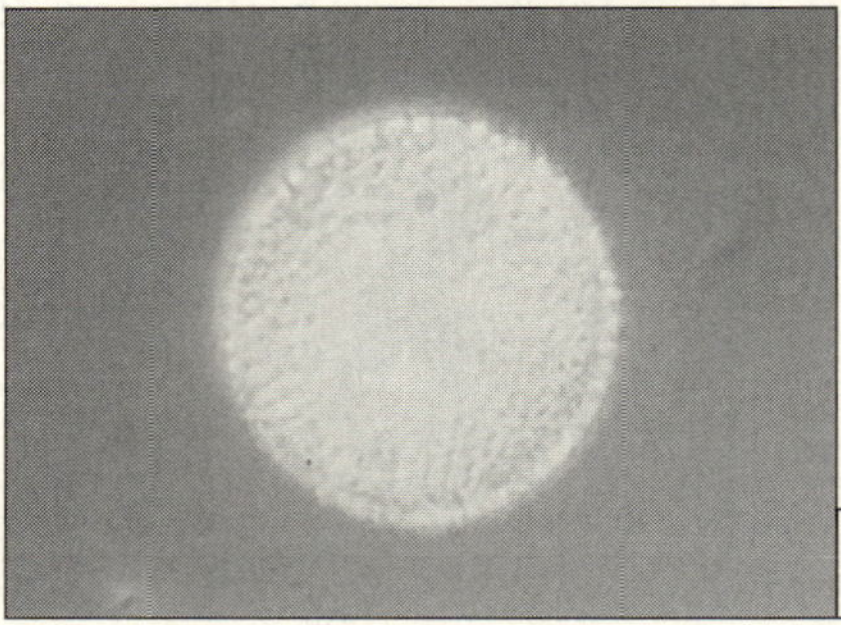
4-16

っている細胞）です。植物の細胞も、菌類や単細胞動物（ゾウリムシなど）も、真核細胞です。真核細胞は、二〇億年前ごろに細菌が共生することによってできたらしいことが、確認されています。

　この真核細胞の模型は、細胞内のさまざまな構造を示していますが、たとえばミトコンドリアなどは、もともと大昔の細菌の子孫になるわけです。そして彼らは、あたかも別々の細菌であるかのごとく、自ら複製していく。

ちょうど細菌が共生して一つの細胞を作るのと同じように、細胞同士も集合して、より大きなユニットを作る。ここにあるのはボルボックスです（図４‐16）。たくさんの真核細胞が集まって、中が空洞の球体を形作っている。おそらく一〇〇〇個くらいの細胞でできた球体で、それぞれの細胞は、外側一面に波打つ細かい繊毛のついた独立した単体ですが、集まってできた球体は、あたかも一つの生物のごとく動きまわる。

ボルボックスはわれわれの祖先ではなく、もっと最近の生物です。でもこれに似たようなものが、私たちのもともとの祖先としてできてきたのだと考えられます。私たちはつまるところ、細胞の大集団なのですから。

細胞が集まって大きな生物を作るという過程は、実に見事なほどのスケールにまで進みました。ゾウは「自分を複製しろ」というプログラムが大きく派生したものだと言いましたが、実質的に巨大なという意味で言ったのです。ボルボックスは数百から一〇〇〇くらいの細胞が集まっていますが、ゾウになると一〇〇〇兆個もの細胞でできている。

ですから、もしゾウが自分をコピーする設計図を持って歩いているロボットだとすれば、想像を絶するほど巨大なものだということになります。想像を絶するほど大きいといっても、星のスケールから見たら大したことはないのですが、ゾウを作ったＤＮＡ分子のレベルから見たら、とんでもない大きさだということです。

4-17

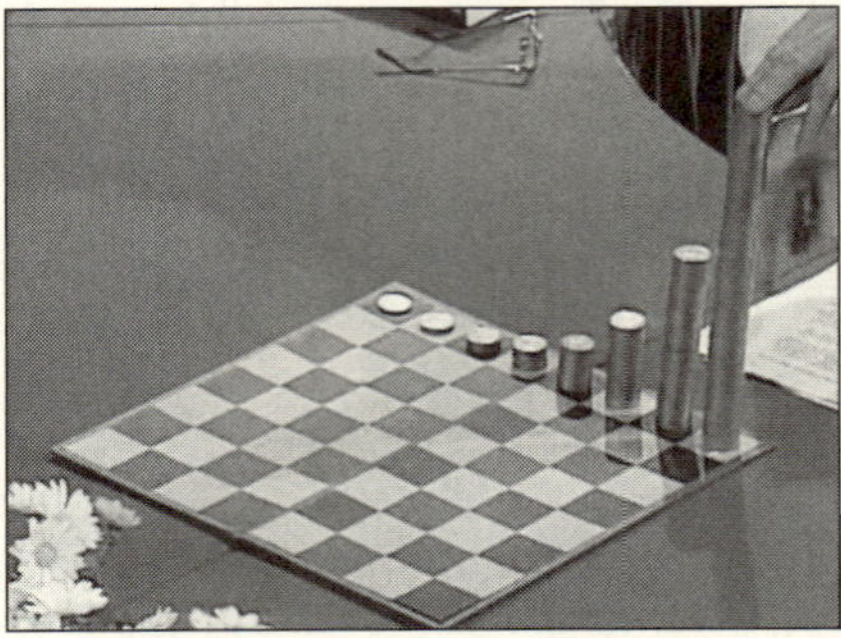

4-18

指数関数的な成長

馬や人間のような現実に生きている体は、それを作った遺伝子そのものと比べて、ずいぶんと大きくなっています。それは、人工の機械とは違ったやり方で成長していくからです。

人工の機械は、人間がよってたかって金属などをつなぎ合わせて作るわけですが、生物のほうはまったく違って、「指数関数増殖」と呼ばれるもので、倍々増殖によって成長していく特別な成長の仕方をします。

どういうことか説明しましょう。まず一個の細胞から始まるので、それを表すためにチェスボードの一つの隅にコインを一個置く。この細胞が分裂して、まったく同じ細胞が二個になる（次のマスに二個のコインを置く）。この二つはまったく同じ細胞なので、それぞれまた分裂して、四個の細胞になる（次のマスに四個のコインを置く）。そしてまたこれらが分裂して、八個の細胞になる（次のマスに八個のコインを置く）（図4－17）。ごらんのように、倍々ゲームで細胞は増えていくので、このままいくとコインは一体どれくらいの高さになるか予測してみましょう。この動物はどんどん大きくなっていきます（図4－18）。

チェスボードの最後のマス、第六四マスまで行くと、コインの高さは一体どれくらいになるか。実は驚くほどの結果になります。なんと、最後のマスのコインは、約四光年先にあるアルファ・ケンタウリ星まで届くほどの高さになる。これが「指数関数増殖」というものです。

4－19

もしこの細胞が分裂していってシロナガスクジラになったとすると、大体五七マスめでできることになる（図4－19）。シロナガスクジラはおよそ一〇〇〇兆の一〇〇〇倍（一〇京）の細胞からできているので、たった五七回の細胞増殖によって達成できてしまいます。

ここに、体重をおおよその細胞数に変換する、コンピュータ・プログラムがあります。サムは体重が約五三キロで、およそ七四・二兆個の細胞でできているので、わずか四六回ほどの細胞増殖によって作られたことになる（図4－20）。もっと大きな人の場合はどうか（図4－21）。ダグラスは一一〇キロの体重ですから、約一五四兆個の細胞でできていることに

4-20

☆ 4-21

なり、たった四七回の細胞増殖によって作られたことになる。つまり、細胞増殖がたった一回増えるだけで、サムからダグラスの大きさに変わる。そこからわずか一〇回の増殖で、シロナガスクジラにまで到達できることになるのです。

四六回、四七回というのは、いずれも最低限の数字です。実際には、もう少し多くなるでしょう。人体の中にあるいろいろな器官が、別々に異なる時間間隔で細胞分裂を繰り返しているので。たとえば肝臓はもう少し長く、腎臓はもう少し短くというように。ですから一概に「指数関数増殖」するとは言えないのですが、いかにして体がその大きさを制御しているかという問いに対する、一つの答えにはなるでしょう。ほんのちょっと細胞分裂の回数を調節すればいい。ほんのわずかな調整です。体の一部を変える場合は、ほかの部分をそのままにして、その部分の細胞分裂の数だけを微調整すればいい。

4-22

たとえば人類の進化上、私たちの祖先であるホモ・ハビリスと比べると、現代人の顎はかなりとがってきています。ホモ・ハビリスの顎は丸いのですが、進化を通じて、顎が長くなってきた。これは私の祖先のホモ・ハビリスで、もう一方は私自身の顎です（図4-22）。人類の進化の過程で、頭部のほかの部分に比べて、顎は突出して長くなってきた。これは

4-23

部分的に細胞の倍々増殖を利用した簡単な変化で、顎の骨をつくる細胞増殖の回数を少し変えただけで可能になった。

驚くべきは、細胞が、あるちょうど良いところまで分裂を繰り返すと、増殖を止めるということです。このおかげで、私たちを形作っている部品は、ほかの部分との関係において、適当な大きさに収まっている。もちろん、細胞増殖が適当なところで止まらずに暴走してしまう場合もあり、そうなると癌になってしまうわけです。

生命は基本的にナノテクノロジーの世界だ

私たち人間や馬などのような巨大な体を作る場合、巨大といってもDNAから見てのことですが、その技術のことをギガテクノロジーと呼んでいます。ギガテクノロジーとは、少なくとも作っている本人より一〇億倍も大きいものを作る技術のことです。人間のエンジニアはまだこの域に達していない。ただしギガテクノロジーの反対側、ナノテクノロジーは、すでに実現しつつあります。ギガというのが一〇億倍を意味したのに対し、ナノとは一〇億分の一を意味する。したがって、ナノテクノロジーとは、作っている本人の一

○億分の一の大きさのものを作り出すことです。

この図は遠からぬ将来を予測したものです（図４－23）。ここにあるのは赤血球とウイルスで、ナノテクノロジー・ロボットがウイルスをやっつけるために派遣されたところです。

ナノテクノロジーが広く実用化されれば、私たちの生活に革命的な変化をもたらします。手術を例にとって見てみましょう。現代の外科医は、非常に精巧な器具を使って高度な手術を行ないます。しかし、ナノテクノロジーの主唱者である、アメリカの科学者エリック・ドレクスラーに言わせると、

「現代の外科用メスと縫合糸は、毛細血管や細胞や分子の修復には、あまりにも荒っぽく大きすぎる。細胞の視点から見たら、どんなに精巧な手術であろうと、巨大な刃がぐっさりと入り込んで、やみくもに切り刻み、細胞群の緻密な機械を蹂躙《じゅうりん》して、何千もの細胞を大量虐殺することになる」

というのです。

針と糸で傷口を縫い上げる縫合手術のほうも、

「それから巨大な柱が、貨物列車ほどもある太いケーブルを引っぱり、パックリと分かれた細胞群を再びケーブルで寄せ合わせるために、細胞群のど真ん中に突入していく。細胞の視点から見ると、高度な技術と精巧な器具を使った最もデリケートな手術でさえ、しょせん肉切り包丁をふるっているようなものである。細胞たちが、死んだ細胞を捨てて新たにグループを組み直し増殖するから、傷は治癒する。それでも、事故によって不随の身となった多く

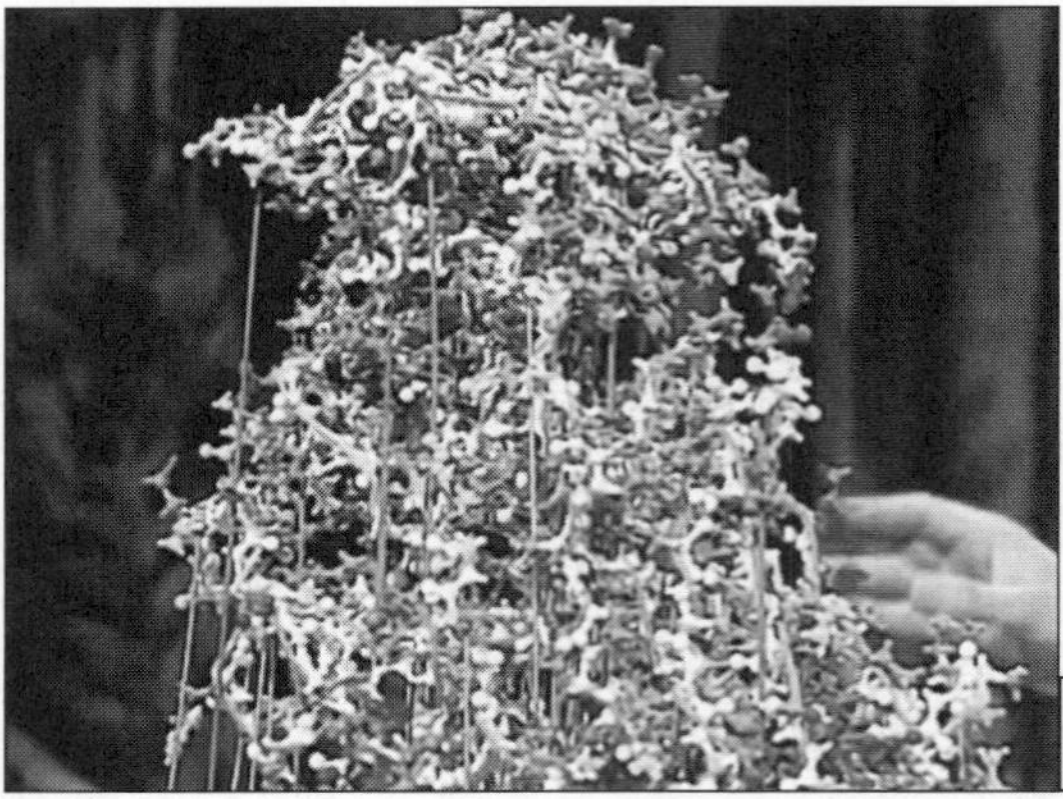
4-24

の人々が知っているように、すべての生体組織が治るとは限らない」

ナノテクノロジーは、細胞レベルの大きさの手術器具を可能にする。これらの器具は、外科医が手で扱うには小さすぎるでしょう。縫合糸が貨物列車の太さなら、細胞レベルでは外科医の指がどれほどの大きさになるか、考えてみてください。

細胞のレベルで仕事ができるロボットがあれば素晴らしいことですが、たった一つでは、たとえば何百万、何千万個もの赤血球の修理には歯が立たない。ナノテクノロジー・マシーンがどんどん自分のクローンを作るか、赤血球と同じように複製するかしないと、役には立ちません。たとえばこれは、肝炎の予防のために時として医者が何万個の単位で注射する免疫グロブリン分子ですが（図4-24）、血液の中に何万、何百万もの数が入り込んで初めて、その役目を果たすことができます。ナノテクノロジーは、このような使われ方を期待されています。

小さなマシーンが、原子レベルで私たちの体の中に入り込むというのは、SFの世界ではほかの惑星に生命があることを想像するより、まだなじみが薄いかもしれない。しかしナノテクノロジーというのは、実は大昔からあります。私たち大型生物のほうがむしろ新しく、なじみが薄く、奇異で、未来型なのです。私たちこそ、派手で新しいギガテクノロジーの産物です。そもそも生命というものは、ナノテクノロジーが基本なのです。

社会性昆虫コロニーも、全体が一つになって自己複製する

先ほど、細胞はバクテリアからできていて、私たちは細胞が集まってできていると言いましたが、たくさんの個体が集まってコロニーを作る社会性昆虫の場合も、コロニー全体を一つの大きな自己複製する存在だと考えることができます。

これは南アメリカの軍隊アリの軍団（図4

4-25

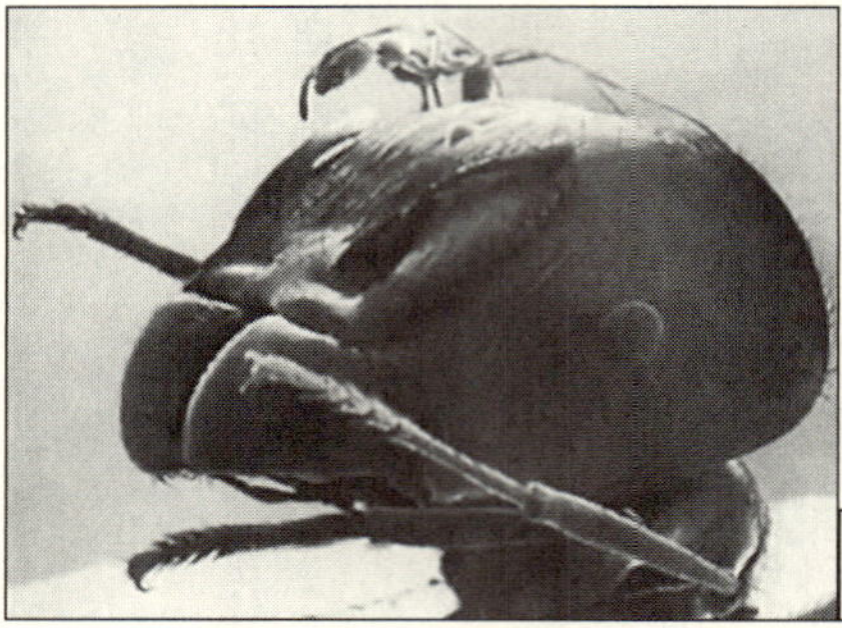
4-26

4-27

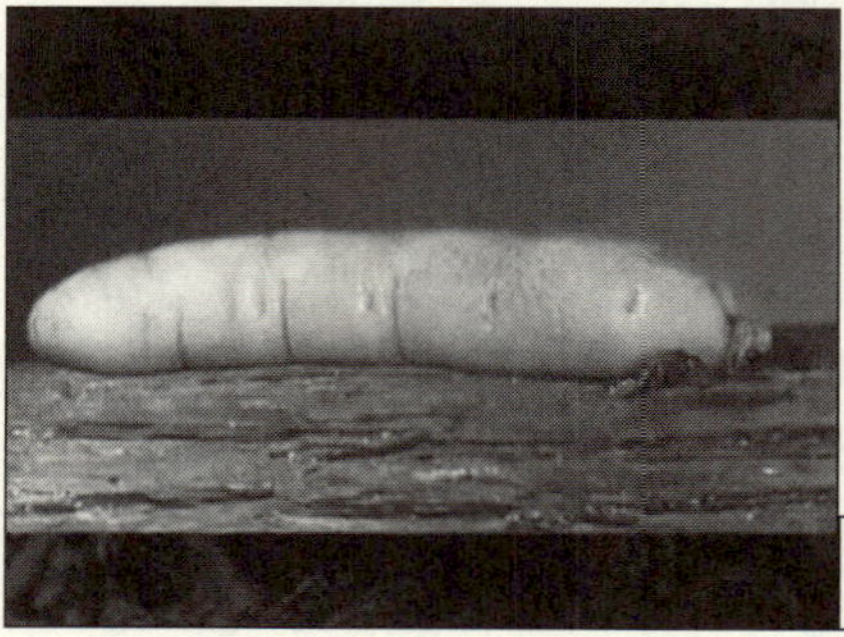
4-28

-25)。ここには何百万という数のアリがいます。こちらは軍隊アリではなく、別の種類のアリで、同じコロニーに属する二匹の姉妹です（図4-26）。かなり大きさが違うけれど両方とも働きアリで、共にコロニーの中で必要とされている。こちらの働きアリは、翅を使って若い女王アリに食料を与えている（図4-27）。これらの存在が、次の世代へコロニーのDNAを伝えていくのに役立っています。コロニー全体が、将来にDNAを伝えていくための一つの機械として機能しているのです。

これはシロアリ集団の女王です（図4－28）。ごらんのように女王は特別に大きく、巨大な産卵機械として働くわけですが、体が大きくなりすぎて歩くこともできない。隣にいるシロアリの王と比べると大きさの違いが明白です。将来への存続をかけて、女王は卵を産みつづけます。

こちらはミツアリ（honey-pot ant）です（図4－29）。この働きアリは蜜の倉庫として機能しています。体には鎧板がついていますが、その下にある蜜のたまった壺が大きく膨らむために、板の部分が引っぱられて切れ切れになっている。このアリは、巣の天井から電球のようにぶら下がって、食料が豊富にあるときはそれを貯蔵し、なくなってくると壺から引き出すという役割を担っています。まさにコロニー全体の機械の一部として機能している。これらコロニーは、（全体として）

★4－29

本当に凄いことを成し遂げています。

これは南アメリカの菌食アリ（fungus ant）の巣です（図4－30）。洞窟となる巨大な地下構造を形成しています。人間と比べるとその大きさがわかるでしょう。多くの個体が集まっ

4－30

4－31

てコロニーを作ると、これほどのことができるのです。

こちらはツムギアリ（weaver ant）で、葉をつなぎ合わせて巣を作ろうとしている（図４－31）。働きアリは接着剤のチューブのように幼虫を抱えて、それの吐く粘着糸を糊にして葉の縁をつなげていく。こうしてコロニー全体のための巣を作る。巣全体を、こうした巣作りをする遺伝子を将来につないでいくための、「一つの体」と見なすこともできます。

生物は、ＤＮＡ言語で書かれた自己複製プログラムを広めるために存在する

この章は、花は何のために存在するのかという問いから始まりました。それに対して、さまざまな答えを検討した結果、花は、生物界のすべてと同じように、ＤＮＡ言語で書かれた自己複製プログラムを広めるために存在している、という結論になりました。

花は花を作るための仕様書を広めるために存在する。ハチはハチを作るための仕様書を広めるために存在する。ゾウはもっとゾウを作るために、鳥はもっと鳥を作るために存在するのです。

コンゴウインコの派手な色の羽は、さらに派手な色の羽をもっと作るための仕様書を広めるために存在する。派手な色の羽を宣伝に使ってオスとメスが誘いあうわけですから、実際に効果があるのです。

派手な色の羽を好む配偶者を得るためには、派手な色の羽が効果的な宣伝塔になるので、派手な色の羽を作る遺伝子は、将来にわたって受け継がれていくことになる。翼についても

同じことが言えます。翼もまた、翼を作るための遺伝的な仕様書を、将来の世代の鳥たちに広めていくための道具なのです。飛行に優れた翼を持っていれば、食料も見つけやすくなるし、敵からうまく逃げることもできるので、結果として鳥は生きながらえ、良い翼を持った遺伝子が受け継がれていくことになる。

植物には翼がないので飛べません。でも、植物の立場からすると、ハチや蝶やハチドリの羽を借りることができるので、翼がいらないことになる。ではちょっと視点を変えて、植物のDNAの立場にたってみましょう。

植物のDNAから見ると、ハチの翅は植物の翅でもある。ハチの翅は植物の遺伝子を運ぶ飛行器官とみなせるのです。コンゴウインコの翼が、コンゴウインコの遺伝子を運ぶ飛行器官であるのと同じように。

色についても同じことが言えるでしょう。コンゴウインコが派手な色を利用するのとまったく同じように、花も派手な色を利用する。派手な色は宣伝用で、翼や羽を持った遺伝子の乗り物を惹きつけるためのもの。翼を持った遺伝子の乗り物はコンゴウインコのメスであり、翅を持った遺伝子の乗り物はハチになる。いずれの場合も、惹きつけられた結果、遺伝子が受け継がれていくことになります。

コンゴウインコが交配すると、オスの魅力的な羽を作った遺伝子は、メスの体によって引き継がれる。ハチが花粉を浴びると、ハチを惹きつけるような花の遺伝子は、ハチの体によって未来の世代に引き継がれていく。ですからよく考えれば、ハチの翅は実際、植物の翅とも呼ぶことができるのです。

かなり違った視点でものを見てきました。ちょっと普段とは違う変わった視点です。しかしよく考えてみれば、実に理にかなっていることがわかるでしょう。不思議な紫外線の庭に似つかわしい物の見方です。

さて最後の章では、人間の脳がどうしてこんなに大きくなったのかということについて考えてみたいと思います。

第5章　「目的」の創造

ジガバチの空間認識

このレクチャーの本題は「宇宙で成長する」というものでした。成長するという意味は三つあります。一つは、あなたや私あるいはアカスギの木などが成長するというもので、「個体発生」と呼ばれる。私たちの一生は、たった一つの細胞から始まり、それが何兆個にもなって大きな組織体に成長する。二つめは、惑星上のすべての種や生命体が、私たちが進化と呼ぶ過程を経て成長していくことを指す（「系統発生」）。進化がもたらす変化というのは、たくさんの世代を経てはじめて見えてくる変化です。三つめの成長というのは、この章のテーマでもありますが、宇宙に対する大人の認識をもつということです。

生命体が宇宙についての理解を深めるには、それなりの装置が必要になる。この地球上ではそれは「脳」ということになります。脳が非常に大きくなることによって、宇宙というものを把握することができるようになった。脳の中に宇宙のモデルを作り上げることで理解す

★5-1

るのです。実際このレクチャーは「どうやって頭の中に宇宙を入れるか」という題でもよかった。しかし、脳はそういうことができるようになる前に、この惑星で途中段階を経ながら次第に大きくなっていく必要があった。最初のうちは、もっとずっと単純でありふれた物のモデルを脳に入れてみるところから始まりました。脳は、宇宙をシミュレートするというような壮大な目的があって進化したのではありません。もっと普通の、食べ物とか自分の住みかの周りの地形といったようなものをシミュレートするところから始まったのです。

これはジガバチです（図5-1）。今まさにバッタを刺しているところ。ジガバチは、秋口に私たちを悩ませるスズメバチとは違って、単独行動型です。バッタやほかの昆虫を刺して、巣穴に持ち帰る。バッタを捕まえるたび

★ 5-2

に、巣に持って帰って子供の餌にする。そうするためには、巣から遠く離れてバッタを捕まえているので、巣へ確実に戻れなければならない。どういう方法をとっているかというと、まず巣穴から出ると、その周りを二度ほど飛びまわって、周囲の環境状態を覚える。それから遠くまで飛んでいってバッタを捕まえ、巣まで運んできて、巣穴の入り口に置き、まず自分が巣の中に降りて行って安全を確認したのち、また出てきて、今度はバッタを巣の中に下ろしていく。そしてまた、別のバッタを捕まえに飛んでいく。一匹捕まえるごとに巣に運んでいって、子供たちに食べさせる。

卓越した動物行動学者ニコ・ティンバーゲンは、大変面白い実験をしました。まずジガバチが巣の中に降りていって見えなくなったことを確認してから、巣の周りに四つの松かさを置いた（図5-2）。そうして待っている

5-3

5-4

と、ジガバチが巣から現れ、巣の周りを二、三周して、松かさも含めた環境を確認してから、バッタの捕獲に飛び立って行く。ハチのいないあいだにティンバーゲンは、四つの松かさを巣とは別のところに動かしてしまった（図5－3）。するとジガバチが戻って来たとき、何を目印にしたかというと、四つの松かさだった。松かさの中央に巣穴があったはず。だから、迷うことなく松かさの中央目指して飛んでいって、やおら巣穴がないことに気づく。ジガバチは巣の環境についての脳内モデルを構築していたのです。

ジガバチの脳でさえ、それくらいのことはできる。しかし宇宙をシミュレートしようとすれば、遥かに大きな脳が必要になります。ジガバチの脳では不十分で、ティンバーゲンが行なった別の実験でそれは明らかです（実はこの実験は、フランスの偉大な昆虫学者ファーブルが最初に行なったもの）。

ジガバチはバッタを捕らえて巣に戻ってくると、獲物を巣の穴のそばに置いて、まず自分が穴に入って行き、巣の中に何もないかどうかを確かめる。そうして穴から出てきて、今度はバッタを巣の中に引き下ろす（図5－4）。これがいつもの手順です。

　ティンバーゲンがやったのは、ジガバチがバッタを捕らえて巣に戻って来て、バッタを巣穴の入り口に置いて、巣の中をチェックしに降りて行った隙に、バッタの位置を少しずらしてしまうのです（図5－5）。やがてジガバチが巣から現れて、バッタを置いた元の場所にいく。ところがそこにはバッタがない。そこでそのあたりをウロウロして、またバッタを見つける。そして、ＯＫ、バッタが手に入ったから、まず巣の中に何もないかどうかチェックしてこないと、というわけでバッタをそこに置いたまま、また巣の中に降りて行く。その隙に、またティンバーゲンはバッタを少しずらしておく（図5－6）。するとジ

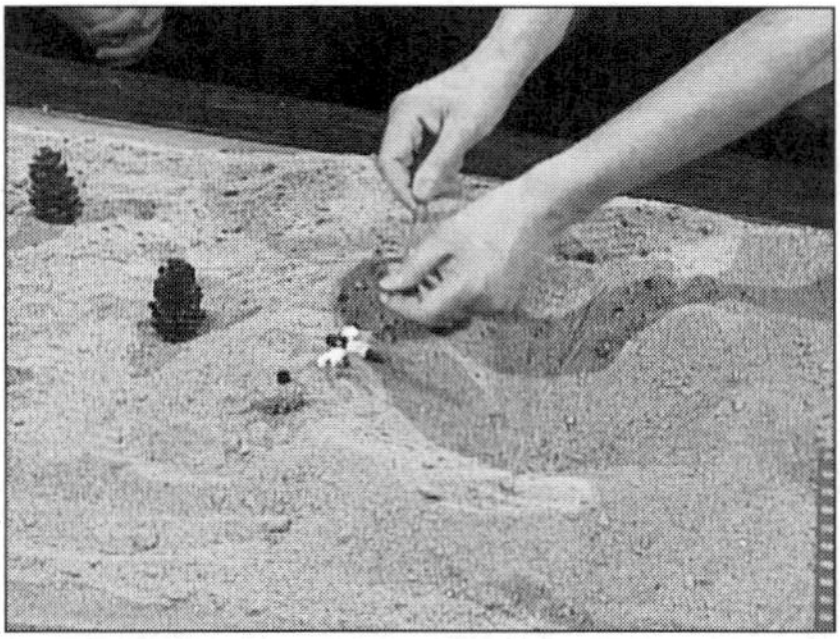
5－5

5－6

ガバチが巣から出てきて、さっきバッタを見つけた場所に行く。ところがそこにはもうバッタがない。で、またちょっとウロウロして、あった、あった、ここにあった！　というわけでバッタを見つける。そして確認のために再度巣の中に戻って行く……このようにして、実に四〇回も、ティンバーゲンがすっかり飽きてしまうまでそれをやりつづけたのです。

われわれはいつもヴァーチャル・リアリティーを見ている

このように、ジガバチの脳には限界があります。実際問題として、この地球上で宇宙をシミュレートするほどの能力を持った脳は、人間の脳だけです（図5-7）。ではここで、生きている人の脳を見てみましょう（図5-8）。この脳は今この瞬間、黄色いバラのことを考えています。

目を通して黄色いバラの像が入ってくる。レンズを通した像が網膜に映る。黄色いバラの像が逆さまになって網膜に映り、そこから何百万本という神経細胞の束を伝わって、脳の後頭部に移動する。さらに不思議なことには、どこかに、それがどこかはまだわかっていないけれど、あるいは脳全体に分散して、意識的な感情、意識的な認識が存在する。

これは私自身の脳で、X線を使わず実際の手術も行なわずに人体の中を見ることができる、MRI（Magnetic Resonance Imaging 磁気共鳴映像法）という手法を使って撮影したものです。

脳は人体が搭載するコンピュータであると言えます。人体は非常に複雑で広大な三次元の

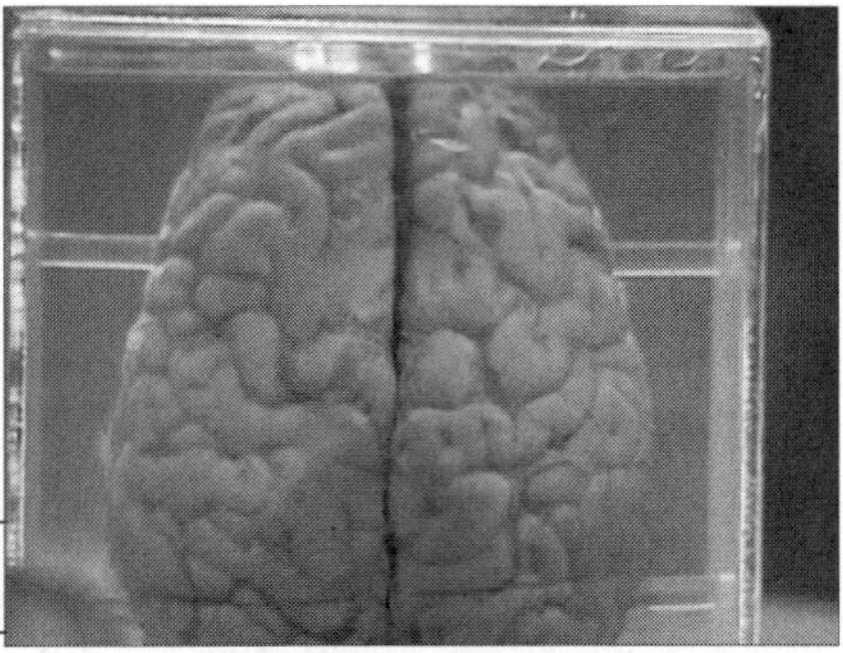
5-7

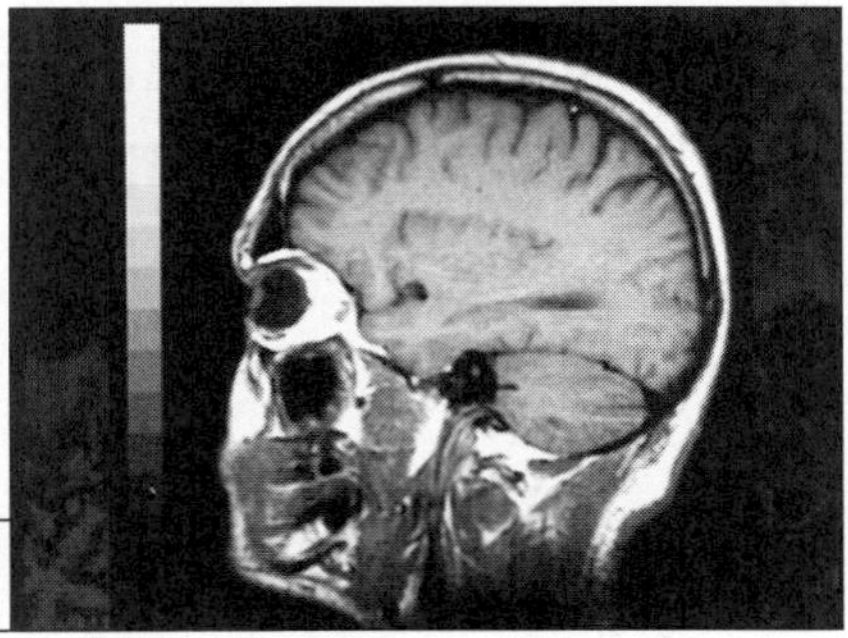
5-8

世界を動きまわる。しかし目が脳に提供するのは二次元の情報です。両目の網膜は、左右それぞれが世界について二次元の画像を見ている。しかも逆さまの画像です。にもかかわらず脳はそれらを、なんとかして三次元の情報に置き換えることができるのです。

ちょっと簡単な実験をしてみましょう。右手の人差し指を目の前にかざして、その後ろにある物体、たとえば本に焦点を当ててみる。指を見ないで本のほうを見て。すると、指が二本に見えるでしょう。これら二本は一方が左目で見た指で、もう一方が右目で見た指です。今度は指のほうに焦点を合わせてみる。もう本は見ないで、指を見てください。すると、今度は指は一本に見えますが、本が二冊に見えるでしょう。

一体何が起こっているのか。左の網膜に映った指と、右の網膜に映った指の二本の指の像から、脳は一個の三次元の像を脳のどこかに結ぶ。一本の指、あるいは何であれ、一つの像を脳内に構築する。私たちが今そこにあると思っているもの、そこに見える現実だと思っているものは、実は脳の中に構築されたモデルであり、脳内のシミュレーションに過ぎません。感覚器官を通して情報が常に更新されているので、大変役に立つシミュレーションです。感覚器官は情報をつぎ込むのですが、つぎ込まれた情報は生のまま見られるのではなく、脳内モデルを更新していくために使われます。つまり私たちが現実として把握しているものは、実はコンピュータ・ゲームの世界のように、私たちの頭の中で作られた仮想現実（ヴァーチャル・リアリティー）なのです。

コンピュータ・ゲームの世界では、物を摑んだり、それらを投げたり、ドアを通り抜けたり、その仮想世界の中を歩きまわったりすることができる。物を投げると、それが落ちた場所に行ってそれを拾い上げるまで、それはそこに落ちたままです。現実の世界と同じようなリアリティーが、そこにはあるわけです。ここで言いたいのは、今この瞬間もまったく同じようなことが私たちの頭の中で起こっているということ。あなたたちが見ているのは、まさに現実世界をシミュレートした、この脳内のヴァーチャル・リアリティー世界なのです。

イリュージョンからわかる脳の仕組み

では、私たちの脳がそうしていると、どうして私にわかるのでしょう。

一つの手がかりは、錯覚（イリュージョン）について見てみることです。ここにチャーリー・チャップリンのマスクがあります（図5-9）。まったく普通の、種も仕掛けもないマスクです。前から見ると、ご覧のように立体（凸）の普通の像に見える。不思議なのは、これを回転させて裏側、つまりマスクのへこんで（凹）いる側ですね、それが見えだしたときに、

5-9

5-10

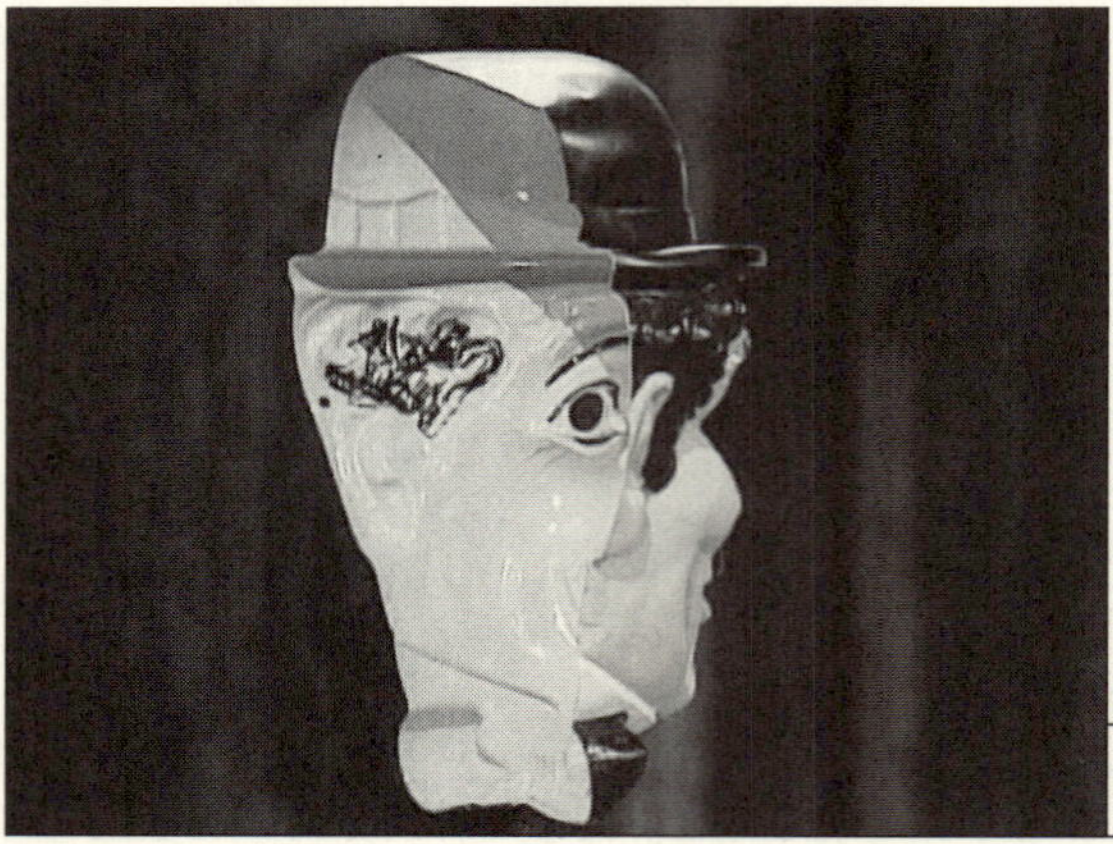

★5－11

本当はへこんで（凹）いるにもかかわらず、へこんでいるようには見えなくて、まるで再び立体像（凸）が出てきたように見えてしまうということです（図5－10）。そのうえその立体像が、さっきの表側とは逆の方向に回転しているように見える。ですから、回転して本当の表側が戻ってきたときに、まるで裏側の立体像を食べているように見えてしまうのです（図5－11）。一体どうなっているのでしょうか。

実は脳は、二つの目と鼻と口らしきものを見ると、ただちに脳内に顔のモデルを立ち上げてしまうのです。とにかく脳はひたすら顔を見たがる傾向にあるので、ちょっとでもそれらしきものがあれば、すぐに顔だと思ってしまう。このマスクの裏側は、まさにその「ちょっとしたそれらしきもの」だったわけです。二つの目と鼻と口がついていましたから、脳はすぐに立体顔（凸）のモデルを引っ張り出してきた。さらに、左右二つの網膜に映ったこの裏側（凹）の顔の動きは、もしそれが本物の立体顔だった場合、それが逆向きに動いた状態と同じだった。ですから脳はただちにそれを捉えて、「立体（凸）の顔が逆方向に動いている」と思ったわけです。

こちらにあるのは不可能な三角形です（図5-12）。一つの角を見ると、これは木製の三角形で、ある一つの方向を向いていることがわかる。また別の角を見ると、この三角形はまた別の方向を向いているように見える。さらに三番めの角を見ると、またもう一つ別の方向を向いているように見える。これら三つの角は、辻褄が合っていない。これら三つの角が一つの三角形上に存在することはありえないのです。それなのに脳は、これを見ると、脳内に不可能な三角形のモデルを作ってしまう。

5-12

ではここで、錯覚をバッサリ暴いてみましょう（図5-13）。どうなったでしょうか。何のことはない、ただ三本の木片が、それぞれ反対向きにつなげてあるだけです（図5-14）。

★5-13

5-14

5-15

こちらは古典的な、一番すばらしい錯覚の例です（図5-15）。ネッカー・キューブ（ネッカー立方体）といいます。単なる立方体が紙の上に描かれているだけですが、よく見ると不思議なことに、あるときは一つの方向を向いた立方体に見え、別のときはもう一つの方向を向いた立方体に見える。一体どうなっているのでしょう。紙の上に描かれた二次元の図は、どちら向きの立方体にも対応した形になっているということです。ですから脳は、解釈が可能な二つの三次元立方体モデルの、どちらを使っていいかわからない。ではどうするか。どちらか一方を脳が選べばいいのですが、そうはしない。かわりに、二つの選択肢をかわりばんこに見せる。ですからあるときは一つの立方体、また別のときはもう一つの立方体が見えるわけです。

脳は世界の仮想モデルを構築する

脳が実際に仮想現実モデルを脳内に作っていることは、複雑な錯覚の装置を組まなくてもわかります。これは自分でできることですが、そーっと、指で自分の眼球を動かしてみてください（図5-16）。私が指で押している部分を押して眼球を動かすと、世界が動くのがわかると思います。ちょっとした地震が

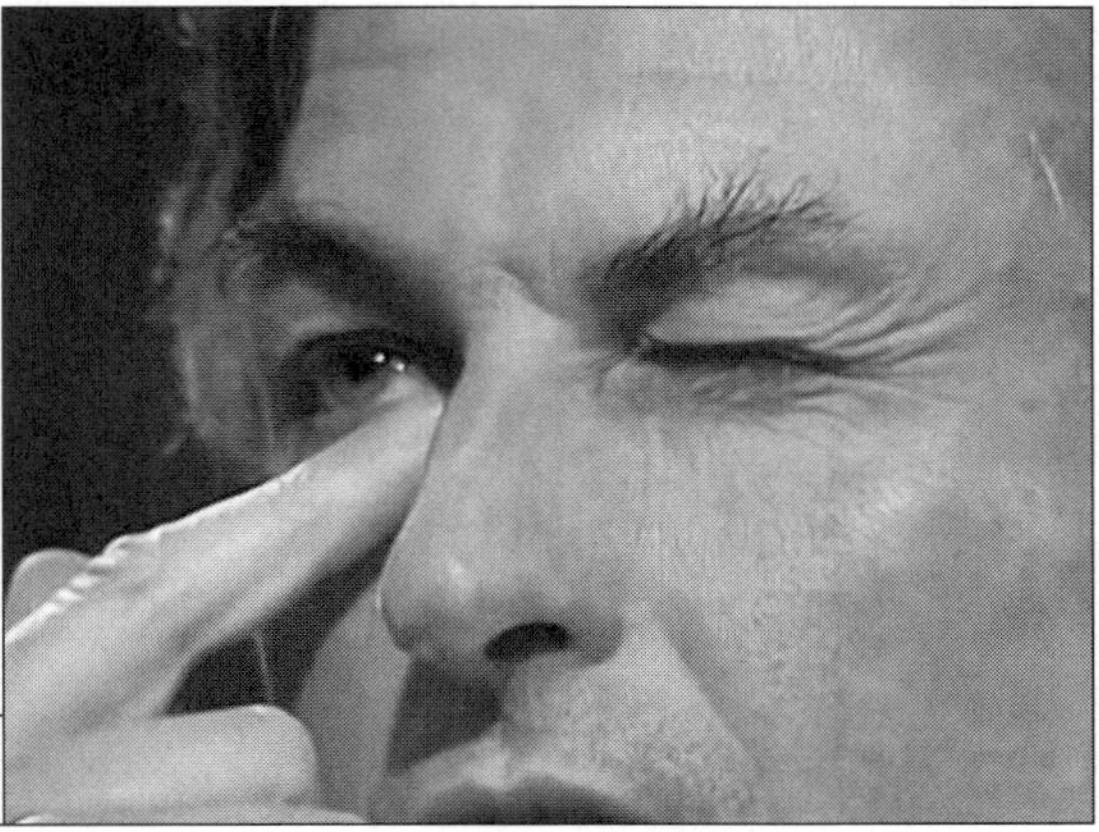

5-16

起こったようになる。当然そうなるはずですよね。眼球が動くと、網膜上のイメージが動くので、あなたが見ている物体も動いているように見える。これは予測できることで、何も不思議ではありません。

ではもう少し考えてみましょう。あなたが目をぐるっと回したときにもまったく同じことが起こっているはずですよね。実際目をぐるっと回したとき、あなたの網膜に映っているイメージは、極端に変わります。指で眼球をちょっと動かした場合よりも、はるかに大きく変化する。網膜上のイメージは大きく変わっているわけですが、実際に見ている周囲の世界はどうかというと、地震があったときのように動いたりはしない。目を回しても、周囲の世界はまるで岩のごとく微動だにしないのです。

つまり、一方で目を指でわざと動かすと、まるで地震があったかのように周囲の風景が動くのですが、もう一方で目を自発的にいろいろ動かしても、網膜上では前者と同じことが起こっているにもかかわらず、周囲はまったく静止している。なぜでしょう。両者の違いは一体何なのか。

もし本当に地震があった場合、脳がそれを認識するのは大事なことです。その一方で、目を動かすたびに地震だと勘違いすることがないようにしなければならない。ですから、目を動かすために目の筋肉に信号を送る際には、これは頻繁に起こることですが、刻々変わる周囲世界のモデルを脳内に作っている仮想現実ソフトのほうにも、同じ信号を送っておく。すると仮想現実ソフトのほうは、

「ＯＫこれから目が動く、だから周囲も動くので対処せよ」と言われているので、周囲が動くことを予期しているから、地震だというふうに認識しないのです。脳内のモデルは予期した動きを勘案して、修正しながらモデル構築をするわけです。ところが、指で目を動かした場合、あらかじめ信号が送られていないので、まるで地震があったかのように周囲が動いて見える。本当にそれが地震の場合もあるでしょうから、周囲が動いて見えるときに、すぐにそれを否定しないことは大事です。

この点については、ドイツの科学者によって優れた実験が行なわれています。彼は自分の目の筋肉を、麻酔薬によって麻痺させました。自分で目を動かそうとしてもまったく動かなくなった。微動だにしない状態です。そうなると、網膜上のイメージもまったく動かなくなります。しかし、目を動かすようにという指令自体は、すでに脳の仮想現実ソフトのほうに伝わっているので、そちらは目の動きを予定している。そこで、目から何の動きも伝わってこないと、まるで地震があったときのように解釈してしまいます。ですから、この科学者が自分の目の筋肉に目を動かすよう指令するたびに、目はまったく動かないにもかかわらず、そして網膜上のイメージもまったく動かないにもかかわらず、脳内モデルが動くために、彼は地震を見ることになったのです。

これは、脳が周囲世界のモデルを脳内に作っていることの証明です。私たちはヴァーチャル・リアリティーを見ているのです。

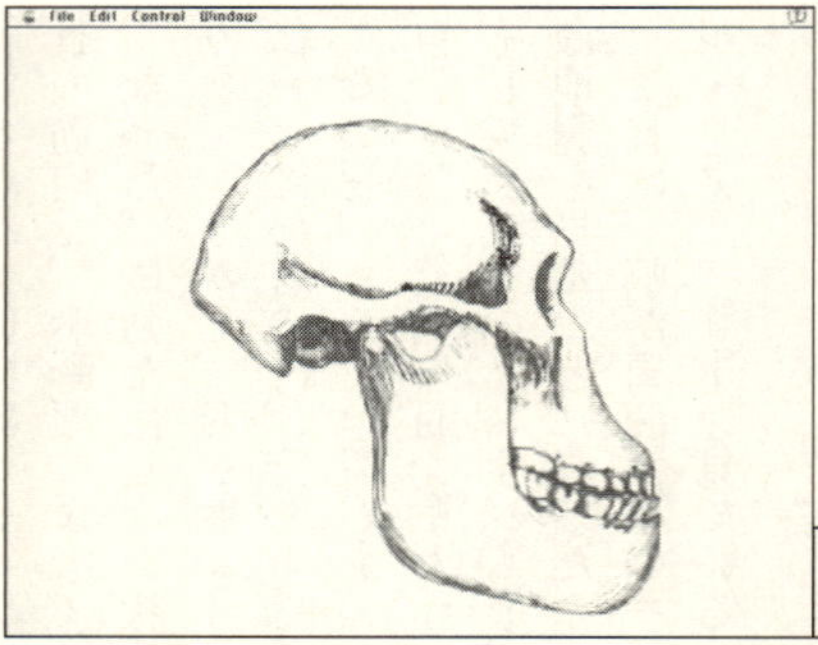

5-17

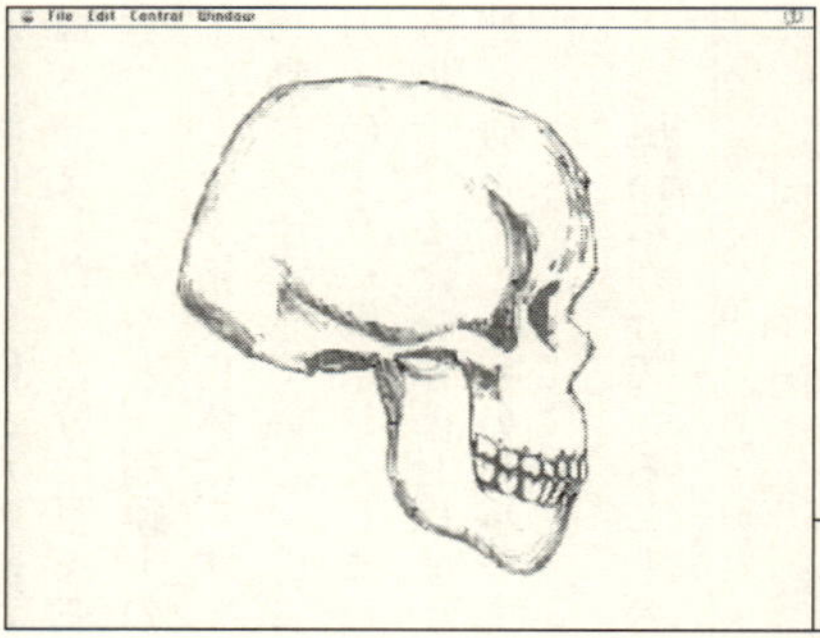

5-18

人間の脳の進化

ではここで少しそれて、進化の話、人間の脳が大きくなっていった話をしたいと思います。

進化の基準からすると、人間の脳は非常に短時間で大きくなってきたことになります。ある専門家は、すべての生物の歴史上、過去一〇〇万年くらいのあいだの人間の脳の進化は、知られているあらゆる複雑な器官のうち最も急速に進展したものであると言っています。チンパンジーなどほかの類人猿の頭蓋骨と比べて、私たちのそれは本当に大きい。これは私たちの祖先の一つ、アウストラロピテクスです（図5-17）。これがホモ・エレクトスつまり原始ホモ・サピエンスになり、そして私たちのような現代ホモ・サピエンスになっていく（図5-18）。進化の過程でいかに脳が膨らんでいったか、一目瞭然でしょう。わずか三〇〇万年のあいだにこれだけの変化が起こったのです。

何が起こったのか理解するために、今一度コンピュータを引き合いに出して考えてみましょう。似ているところがあるからです。コンピュータも、非常に急速に進化してきました。

心理学者のクリストファー・エヴァンスは、

「今日《こんにち》の車は、世界大戦直後の時代の車とは、たくさんの点で違っている。インフレを考慮に入れても、今の車のほうがはるかに安く、経済的で、効率がいい。これらはみな、車の技術向上と生産方法の効率化、そして市場の拡大に帰する。しかし、もし車がコンピュータと同じ速度で同じ期間進歩したら、現在の車はどれくらい安く効率良くなっただろうか。この比較をはじめて聞くと、衝撃的だ。今のロールスロイスは約二ドルで買えるはずだし、ガソリン一ガロン（約三・八ℓ）で三〇〇万マイル（四八〇万km）走れ、豪華客船クイーンエリザベス二世号を運航できるほどのエンジン・パワーを持つことができるはずなのだ。そしてコンピュータと同じペースで小型化したとするなら、なんと針の先に半ダースもの車をのせることができてしまうことになる」

と言っています。

人間の脳が風船のように急速に膨らんできたとしても、コンピュータのほうがもっと画期的な進展を遂げてきているようです。しかし、両者の進展にかかった時間スケールを、直接比べるのはフェアーではないですね。なにしろ進化が起こるためには、人間が死んで次々と世代交代していく必要がありますから、常時進歩していけるテクノロジーと比べて、遥かに長い時間がかかることになります。

自促型プロセス：持てば持つほどもっと手に入る

人間の脳がなぜ風船のように膨らんでいったのか、まだ誰もハッキリとは解明していません。いろいろな説がありますが、コンピュータからヒントが得られるかもしれない。なぜあんなにも早く開発され、あんなにも早く改良されたのかを見れば、なぜ脳が同じコースを辿ったのか、理解できるかもしれないからです。ただコンピュータと脳とでは、かなり違いがあります。たとえば真空管からトランジスタ、そして集積回路（ＩＣ）へと改善されていった過程は、脳がそのように働かないので、理解の助けにはなりません。

しかし、コンピュータの進歩の過程で一つだけ、私たちの脳に一体何が起こったのかについてのヒントになるものがあります。ちょっと長い名前をつけましたが、あとでその意味がわかるでしょう。「自促型共進化」（self-feeding co-evolution）と呼ぶことにします。「共進化」（co-evolution）とは一緒に進化するという意味で、「自促型」（self-feeding）のほうは、持てば持つほどもっと手に入るという意味で使っています。

軍拡競争のことを例にとってみましょう。一方のミサイルがより大きくより速くより性能が良くなると、相手側のレーダーや迎撃装置、妨害装置も、より大きくより速くより性能良くより精確になる。そうなると今度は、もう一方の側のミサイルも、さらに良くならなければならないというわけで、競争は果てしなくエスカレートしていく。

この過程を「自促型」と呼んでいます。もとのレーダーの進歩が、相手側のレーダーを進歩させるというループを通じて、そのレーダー自身の将来の進歩を直接促すことになるから。

したがって持てば持つほど、もっと必要になり、もっと手に入るということになります。

進化の過程においてもこの軍拡競争は起こります。これはハヤブサ（図5-19）。素晴らしい飛行機械です。獲物を見つけると、急降下する。時速約一六〇kmで急降下し、高速で飛行しているカモを襲撃する。

5-19

カモもハヤブサも、長いあいだの進化を通した軍拡競争の結果です。両者とも素晴らしい飛行をする。理由は、相手が素晴らしい飛行をするから。一方の祖先の飛行がめざましく上達したことが、もう一方の祖先の飛行をめざましく上達させたのです。ハヤブサが飛ぶのがうまくなると、カモもうまくなり、カモが上達すると、ハヤブサもさらに上達する。結局、ハヤブサの上達が、彼らの子孫の飛行の上達をうながしたことになり、カモのほうも、先祖の飛行が上達したことが、彼らの子孫の飛行を上達させることにつながっている。これを「自促型」現象と呼んでいます。

人間の脳の巨大化は「自促型共進化」

この「自促型共進化」現象が、実はコンピュータの発達や、さらには脳の発達でも起こっていると考えられるのです。

コンピュータの場合、ハードウェアとソフトウェアは「共進化」する。ハードウェアは実際に手で触れる部分で、ソフトウェアはプログラムのことですが、両者とも一緒に揃って進歩する必要がある。以前は、もしあるファイルを捨てようと思ったら、キーボードでたとえば「delete mydir baslib coswud txt」なんていうややこしいコマンドをタイプしなければならなかった。ちょっとでもタイプミスをすると、どんなに些細なミスでもタイプしなおさなければならず、しかもそんなことはしょっちゅうで、そもそもコマンド自体何だったか忘れてしまうわけです。今では、ファイルを捨てたければ、それをつまんでゴミ箱に入れればいいし、ゴミ箱を空にすることだって一クリックでできる。

これはほんの一例で、現代のコンピュータの世界では、マウスや指を動かすだけで、あたかも机上の紙を動かすがごとく、ごく自然に、コンピュータを操作することができます。以前は、ややこしいコマンドを覚えていなければできなかったことが、今では朝飯前です。

なぜこの話を持ち出したかというと、もともとは、とてもオリジナルで簡単なハードウェア、つまり「マウス」の開発から始まったのです。本当に何でもない単純なものでしたが、これが新しい世代のソフトウェア開発を次々に触発し、それらが次から次へと積み重なっていくことで、「共進化」する壮大なソフトウェアへと発展していったのです。

コンピュータが「自促型」スパイラルにはまるもう一つの例は、コンピュータ自身のデザインです。現代のコンピュータは、人間が細部にいたるまですべてデザインするには、複雑すぎるところまで来ています。この図面はコンピュータに搭載されている集積回路の一つについて、そのたった八分の一を表示したものです（図5-20）。つまりたった一つの集積回路図でさえ、この八倍にもなる。人間にはコンピュータ・デザインの基本的な知識があるし、コンピュータに指示を下すのは人間ですが、現在のコンピュータは、おおむね前世代のコンピュータによってデザインされています。現在のコンピュータは前世代のコンピュータの肩に乗っているわけです。したがってこれも「自促型」スパイラルの例で、前の世代の進歩が次の世代の進歩を促すわけで、両者の関係はらせん状になります。

5-20

　これまでコンピュータにおける「自促型共進化」の過程を見てきましたが、これは、人間の脳の進化をここから類推するためでした。残念ながら脳の場合、コンピュータのように実際に途中経過を見るわ

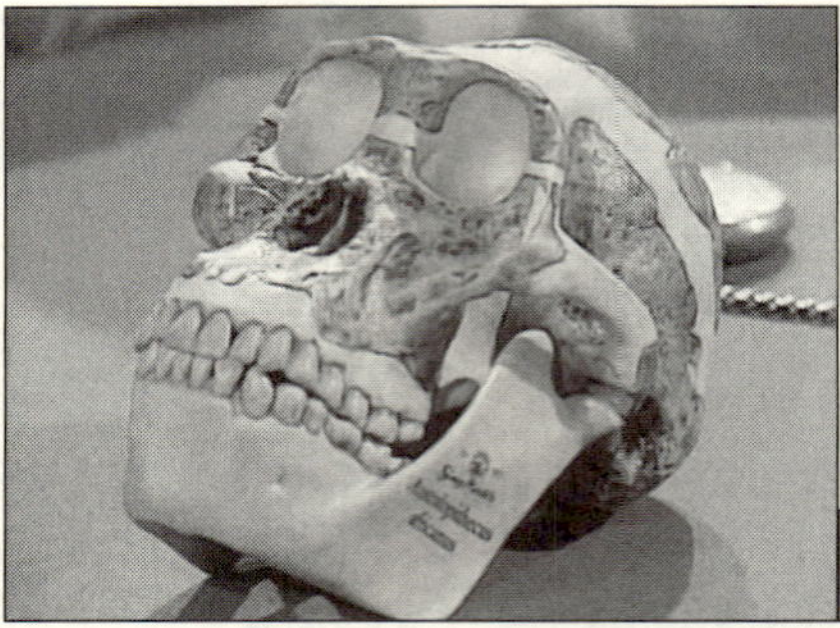
5-21

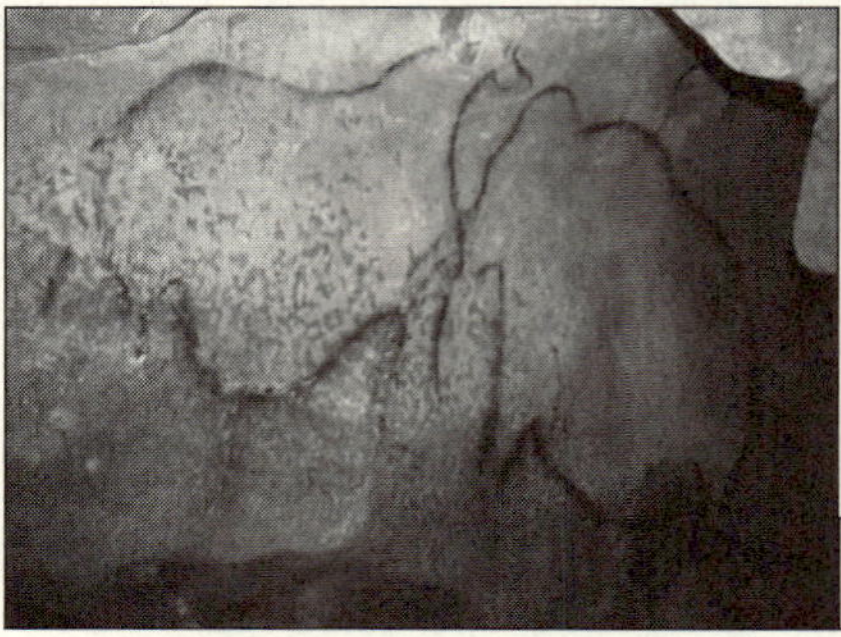
5-22

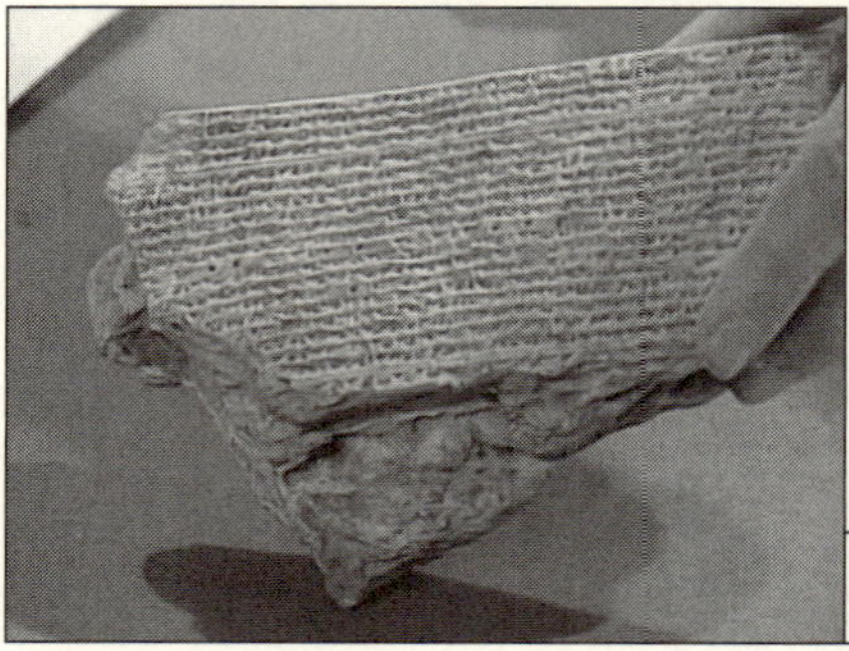
5-23

けにはいきません。証拠として残っているのは頭蓋骨と限られた範囲での技術の痕跡です。まずこれは、外装である頭蓋骨（図５-21）。ソフトウェアのほうは、矢じりや洞窟壁画などの先祖による作品群があります（図５-22）。これらは初期の脳が生み出した形見です。もう少し後になると、このような楔形文字板や本が残っています（図５-23）。

しかし何がきっかけで脳は急速に肥大したのか。人類にとって画期的な前進となる、コンピュータの「マウス」開発に相当するようなことは、脳では一体何だったのか。これはまだ類推の段階ですが、約三〇〇万年前、私たちの祖先であるアウストラロピテクスがアフリカを放浪していたころ、彼らの脳はチンパンジーのそれとほとんど変わらない大きさだった。その当時私たちの祖先とチンパンジーが出会った場合、両者とも脳に関してはほぼ同等な立場にたっていたと言えるでしょう。

どちらとも、あるいはその当時のいずれの類人猿も、脳の肥大化のきっかけを摑んでおかしくない状態でした。「自促型」スパイラルの話の重要なポイントは、その初期にはなんら特に劇的な変化があったわけではないということです。類人猿の一種に、とてもささやかなソフトウェア上のブレイクスルーがあったというだけのこと。そのささやかな変化の結果は、ずっと後にならないと見えてきません。長いあいだ何の変化も見られず、スパイラルにもならなかったものが、長い時間を経て、現在の私たちの高さにまで到達してしまうのです。

想像する力：世界をシミュレートする能力

そもそも一体どんなソフトウェアのわずかな革新が、のちのこの大変化をもたらすきっかけとなったのか。類推の域を出ないのですが、ひとつの可能性としては、身の周りの世界をシミュレートする能力が向上したということではないか。これまで私たちの脳が、現実世界で起こっていることのモデルを脳内に作る、という現象を見てきました。さらに、起こったかもしれない事柄も、脳内でモデル化できることがわかっています。

約一〇〇万年前に生きていた私たちの祖先、ホモ・エレクトスのことを考えてみましょう。あるホモ・エレクトスの女性が、家族と共に渓谷を渡るという問題を解決しようとしていたとします。それまで誰も橋というものを作ったことがなかったし、橋を架ける技術も存在していなかった。しかしそのとき彼女は、渓谷に倒れる木のことを考えついて、これなら橋渡しの役に立つかもしれないと思ったとする。そして「一体どうやったらそのようにできるか」と考え、根元に火がついた木を想像し、そうだ、木に火をつけて倒して橋にしたらいい、と思いついたかもしれない。

もちろんこれは、まったくの想像です。そんなことが起こったかどうか、そんなことでうまくいくのかどうか、知る由《よし》もない。重要なことは、彼女が、渓谷にかかる倒れた木と火という、まだ起こっていない事柄のモデルを自分の脳内に作り上げることができたという点です。彼女は将来起こるかもしれない事柄を予測するということができるわけで、これができると、ほかの動物には解けない問題を解決することができて、大変役に立つ。

これが一つの可能性です。想像力を使ったシミュレーションの能力が、私たちの種を飛躍させることになったソフトウェア上の変化だったというものです。

言語とテクノロジーの力

もう一つの可能性は言語です。これについてはよく言われてきました。言語は、まさに前世代の肩に乗って進化していくスパイラル化のために作られたようにさえ見えるからです。

言語を持っていれば、それぞれの世代はそれ以前の世代から学ぶことができる。前世代の失敗から学べますし、彼らの経験を基にして、その上に積み重ねていくことができる。ですから鍵は言語だったのかもしれない。

ただ残念なことに、ちょっと問題があります。言語、少なくとも話し言葉に関しては、脳の肥大化が起こってから発達したという形跡があるのです。それでもおそらくこの問題は、言語にはその昔ジェスチャー語、あるいは砂に描く形での前言語段階の時期があった、あるいは自分の考えを整理したり、行動の青写真を描くようなものとして、話し言葉が使えるようになる前に言語が生まれた、ということで説明できるかもしれません。そして後になってからはじめて、舌や唇や声というものを動員した話し言葉として、外に向かってハッキリと見える形に発達し、それに伴って脳同士のネットワークも発達していったと考えることができます。

また同様に、テクノロジーないし道具というものも、脳が、自分の手の力を拡大するために使い、望遠鏡や顕微鏡などは自分の目の力を拡大するために使っているわけですから、ひょっとすると、人間がブレイクしたのはテクノロジーのせいだったかもしれない。

これまで、想像力、言語、そしてテクノロジーの三つを、私たちの脳に飛躍をもたらした候補として挙げてきましたが、おそらく三者ともその役割を担っていたと考えられます。三者がお互いに作用しあって、三つ巴《どもえ》のらせん型爆発を起こしたのではないでしょうか。

想像力の問題点

想像力、言語、テクノロジーという、これら三つの知的道具は、諸刃の剣である面もあります。うまく使えば宇宙のモデルを描くところまでいけるのですが、負の部分も出てくる。前述した、「想像力」や「素晴らしいシミュレーション能力」の例を考えてみましょう。大変役に立つのはもちろんですが、想像力にたけた脳は、同時にそこにないものを見たり、自己欺瞞に陥ったりすることを避けては通れなくなる。

私たちはしばしばベッドの中で、お化けや怪物が窓からこちらを覗いていると思って怯え、それが実は月光がカーテンにゆれていただけの単なる光のトリックだったとわかった、なんていう経験をしているでしょう。また先ほどチャーリー・チャップリンのマスクの実験で見たとおり、実際には単なるマスクの裏側に過ぎないのに、いかにたやすく脳が顔というものをでっち上げてしまうか、わかったでしょう。同じ脳内ソフトウェアは、もしカーテンの折り目が目と鼻と口のような影を作ったら、同じトリックをするでしょう。つまり私たちは、顔がないところに顔を見てしまうのです。

毎晩私たちは夢を見る。同じシミュレーション・ソフトウェアが、存在しない世界を生み出す。人や動物、仮想の国など。夢の中では、これらのシミュレーション世界があたかも本物であるかのような経験をします。私たちは同じように、いつも脳内シミュレーション・モデルを見ながら現実世界を経験しているわけだから、これらの事柄は起こって当然と言えます。

このシミュレーション・ソフトウェアは、私たちが目覚めているときでさえ、悪戯《いたずら》をします。ですから、予言が見えた、大天使が訪れた、あるいは神のお告げがあった、などと誰かが主張しようものなら、すぐさま疑ってかかるべきです。

言語とテクノロジーの問題点

次は言語です。どのような不利益が考えられるでしょう。これも諸刃の剣なのでしょうか。良い情報は言語によって容易に世界に広まり、脳内に広まる。しかし広まるのは良い情報ばかりとは限らない。

二〇年前（一九七〇年ごろ）、誰も野球帽を後ろ向きにかぶる人はいなかったでしょう。実際イギリスでは当時野球帽をかぶる人さえいなかったように思います。でも今では通りをちょっと歩けば、イギリスでもアメリカでも、野球帽を逆向きにかぶっている若者を見かけないことはまずない。逆向きの野球帽はまずアメリカで、それからイギリスで、まるではしかのように広まった。心の伝染病、心のウイルスのようなものです。はしかの感染の場合と同じように、幸い心のウイルスのほうも驚くほど急速に死に絶える。逆向きの野球帽も、そうならないともかぎりません。

野球帽の流行はもちろん無害ですが、ほかにも、私たちの宇宙に対する理解を妨げるような、もっとはるかに強力で有害な思考体系というものがあります。

一六三三年、イタリアの偉大な物理学者ガリレオ・ガリレイは、宗教裁判によって終身刑

5-24

に処せられました（図5-24）。彼の罪は、地球は太陽の周りを回っているということを本に書いて出版したというもの。彼の科学的な考え方が、当時主流だった文化と矛盾していたため、執拗な異端の疑いをかけられて糾弾されました。

私たちの時代だって、偉そうなことは言えない。ある宗教の一派が、その宗派内で口承されている信仰を脅かすようなことを本に書いたという理由で、さる著名な小説家を殺害するよう、その宗派の指導者が強く扇動したというケースがあります。そして最も破壊的な言語ウイルスが広まったのも、私たちの時代です（図5-25）。

言語についての一般的な問題と、良かれ悪かれその力について考えてみましょう。人間の子供は、成長するに従ってたくさんのことを学ぶ必要があります。言語は学習のための素晴らしい道具です。何世紀ものあいだ積み重ねられた最も優れた叡智を、たった数年の学習で学び取ってしまうことができる。ですから子供たちに優れた吸収力があることは、疑いの余地がありません。

ある年齢の子供たちは、言われたことを何の疑いもなく信じてしまう。サンタクロースや歯の妖精などは無害ですが、妖精を信じることができる心は、同時にほかのありとあらゆる信仰からも影響を受けやすくできているのです。

5-25

第1章で、たとえば恐竜の絶滅理由などについて、地域によって異なった内容のものを信じているとした場合の世界地図を見せました。要するに、科学の分野でそんなことが起こったとしたら、つまり世界や宇宙について信じる内容が、どこで生まれ育ったかによって異なるとしたら、いかにおかしなことになるかということを説明するためです。

世界や生命や宇宙について自分はどのように考えているか、ちょっと思い出してみてください。自分の信念は根拠があってのことか、それともたまたまある場所で生まれたからなのか。もし後者だとしたら、強くその内容を疑ってみてください。宇宙の真実が国によって異なるというのは、ありえないからです。

さて、第三の諸刃の剣、テクノロジーについてはどうでしょう。望遠鏡や顕微鏡といった道具は、とても強力です。それらを通じて私たちは宇宙を理解する可能性を保持している。では、もしこれらに負の側面があるとしたら、一体何なのか。何が問題なのでしょう。

もちろん、テクノロジーの負の側面として最初に思いつくのは、言うまでもなく水素爆弾やそのほかのぞっとするような破壊装置の開発です。これが最も大きな問題でしょう。しかし、それより目立たないけれど、私たちの心に強く影響して、種としての精神的な成長を阻んでいると考えられるものがある。

それは、私たちが、人間がデザインした複雑で素晴らしくよく働く物を常に見慣れているために、複雑で素晴らしくよく働く物は、すべてデザインされた物であると自然に思い込んでしまう傾向にあるということです。

第2章で、「デザインされた」物と「デザイノイド」物体の違いについて話をしました。「デザインされた」物というのは、たとえば望遠鏡や顕微鏡のように、ハッキリと誰かがデザインしたものであり、「デザイノイド」物体とは、眼のように、一見デザインされたようにみえてそのように働くけれど、実はそうでない物です。「デザイノイド」物体は、まったく異なるプロセス、すなわちダーウィンが提唱した「自然選択による進化」によってできてきたものです。

アインシュタインの一般相対性理論とは違って、「自然選択」による進化というのは、とてもシンプルな概念です。誰にでも理解することができる。しかし、一九世紀の半ばになって二人の生物学者、チャールズ・ダーウィンとアルフレッド・ウォレスが提唱するまで、アリストテレスをはじめとするほかの偉大な哲学者も数学者も、誰も考え出すことができなかった。なぜそんなに長い時間がかかったのでしょう。

科学は、われわれが目覚めたこの宇宙について理解することを可能にする

いろいろ理由があると思いますが、今ここで指摘したいのは、テクノロジーによる攪乱のせいではないかということです。自分たちが作ったものや、エンジニアが作ったもの、望遠鏡や顕微鏡や普段使う大工道具など、すべては、必ず目的を持って作られていると私たちは認識しているし、子供たちもそう思いながら育ってきている。しかし目的というのは脳が生み出したものであり、脳は進化によってできたものです。

目的そのものも、ほかのあらゆるものと同じように進化してきた。この惑星で三〇億年もかけて生命は、「デザイノイド」として成長してきました。一見デザインされたようにみえるけれど、まったく（目的を持つという）デザインのコンセプトを持たずに。そしてついに、唯一私たちの種だけが、意図的に物をデザインすることができるようになり、目的というものを持つことができるようになった。

目的そのものは、ごく最近この宇宙で生まれ育ったものです。しかし目的そのものも、いったん人間の脳内に誕生すると、今度はそれ自体が、「自促型」スパイラル進化をする、新たなソフトウェアとなる可能性が高いのです。とくに人間の集団が同じ目的のために働くと

き、そうなる可能性が高くなる。

これはNASAの月面着陸機が、月の表面にまさに着陸しようとしている写真です（図5－26）。人間の集団が共通の目的を持つと、いかに素晴らしいことが達成できるかの例です。アメリカ大統領によって月面着陸という集団目的が発表されるや、わずか一〇年足らずでそれが達成された。

同じように、ヒトゲノム情報の解読も達成されました。科学というもの、すなわち私たちが住んでいる宇宙の解明というものも、ほとんど尽きることのない可能性を持った集団目的の一つです。

私たちは自分の頭の中に宇宙のモデルを構築することができる。何でも理解すると、そのモデルを脳内に作り上げます。脳内の宇宙モデルは、コンピュータ内の仮想現実（ヴァーチャル・リアリティー）モデルに似ている。

5－26

ヴァーチャル・リアリティーというのは、コンピュータ内の小さな世界ですが、私たちが作る宇宙モデルは、小さな身辺モデルではなく、気宇壮大《きうそうだい》なものです。その構築は、たくさんの脳の共同作業であり、作られたモデルは、参加している脳のネットワーク上に分布しています。部分的には本の中や、図書館や図版、そしてコンピュータのデータベース上などに存在している。

時間が経って、文明が成長していくと、私たちが共有している宇宙モデルも改善されていきます。次第に洗練され、より正確に現実を反映したものになっていく。同時に、私たちの成長に伴って、共有しているモデルも迷信から解放されていき、狭量さや偏狭さから脱していきます。有象無象の幽霊や妖精、霊といったものを脱ぎ捨てて、現実の世界からの情報を常に更新し正確に反映した、より現実的なモデルになっていく。部分同士が相互に補完しあい、私たちやその住む世界がどうなるか、将来に向かって正確な予測を立てることのできる、強力なモデルに。

おそらくこの宇宙で唯一私たちだけが、やっと大人になっていくことができるのでしょう。

第6章　真実を大事にする
——吉成真由美インタビュー（二〇〇九年五月、オックスフォードにて）

「恐怖心というものが迷信や残虐を生む。恐怖心を克服することが叡智につながる」

「人間は信じやすい動物だから、何かを信じたくなる。信ずるに足る何かを見出せない場合は、信ずるに足らないことでも満足してしまう」（バートランド・ラッセル）

『利己的な遺伝子』から『神は妄想である』まで

生物は遺伝子を存続させるための乗り物だ

——『利己的な遺伝子』のメインテーマは、「地球上すべての生物は遺伝子（自己複製子）の乗り物に過ぎず、生物のさまざまな形質や、利他的な行為を含めた行動のすべては、自然選択による遺伝子中心の進化によって説明できる」というものでした。一九七六年にどういう動機でこの本を書かれたのでしょうか。当時コンラート・ローレンツらによって支持され広く流布していた「群選択（group selection）説」に対する反論ということだったのでしょうか。

（「群選択説」では、選択による利益があるグループを構成する複数のメンバーにもたらされる場合、血縁の有無に関係なく、また選択されることで不利益を被る個体がいたとしても、全体を有利にする遺伝子が選択されると説く）

ドーキンス　まさにそのとおりです。生物学者が興味を持っていることの一つに「適応優位性」（より適応しているものが生き残りに有利になる）という考えがあります。どの動物も植物も生き残るためにすばらしくデザインされているように見えますが、一体誰のためにそのような形や仕組みになっているのか。当時多くの人たちは、それは種の利益のためであると考えた。

個体の生き残りのためでないことは明白でした。個体というのは生殖する（次世代をつくる）ためにのみ存在するわけだから。「群選択説」を唱える人たちは「生殖」というかわりに「種の存続」という言い方をしていましたが、種こそが重要であるという考えだった。「自然選択」は種のあいだで起こるというわけです。この考えの間違いを指摘することが私の目的でした。

個体は結局死んでしまいますから、真の意味での「自然選択」（つまり選択の結果あるものは生き残るという意味）は、個体間では起こらないというのは正しい。個体にとっては生殖こそがすべてですから。なぜ生殖が重要かというとき、それが種の存続のためではなく遺伝子の存続のためだというふうに考えると、最もうまく説明できるのです。

そのように仮定すると、すべてが容易に説明できることがわかる。個体が自己の存続のためのみならず生殖のために働く理由もわかりますし、また、なぜわざわざほかの個体の生殖のために働くのかということまで説明できる。たとえば社会性昆虫では、働きアリがもっぱら女王アリの生殖のために働くわけです。「自然選択」が作用する対象の単位を遺伝子と設定すると、すべてが腑に落ちる。

――つまり、利他的な行動も、個体の遺伝子が生き残っていくためのものだということですね。

ドーキンス　まったくそのとおりです！　動物は自己の遺伝子保存のための機械なのです。一九世紀の英国作家サミュエル・バトラーが、「鶏は、卵が次の卵を作るための手段にすぎない」と言っていますが、これは、「体は、遺伝子が次の遺伝子を作るための手段にすぎない」ということをうまく文学的に言い換えたものだと言える。つまり利他的行動でさえも、個体の遺伝子の存続上有利になるからという理由で説明できるというわけです。

――あなたは「ミーム（模伝子）」という言葉を使って、文化的なアイディアなり現象、たとえば野球帽を前後逆にかぶるといったようなことが、DNAの複製と同じように伝承していく様子を説明されました。この「ミーム」という概念については、現在どう考えておられますか。

ドーキンス これは遺伝子そのものを強調しすぎないために持ち出したコンセプトです。「自然選択」のメカニズムというのは、おしなべてどんな自己複製する情報記号にも働くということを言いたかった。コンピュータウイルスが当時すでに存在していれば、（ミームを持ち出さずに）コンピュータウイルスを例に使ったでしょう。なかったので、「ミーム」を持ってきたわけです。それがミームの当初の目的だった。人間の文化研究に対して、提言をするつもりはまったくありませんでした。

現在ではダニエル・デネットをはじめとして、このアイディアを発展させて人類の文化を説明しようとする人たちもいて、この展開を喜ばしく思っています。

――次の『延長された表現型』を書かれた意図は何だったのでしょうか。

ドーキンス 部分的には『利己的な遺伝子』の誤解を解くためもありましたが、表現型についての概念を拡張したいというのが主目的でした。利己的遺伝子というコンセプトでは、存続する単位は遺伝子ですが、存続の手段あるいは乗り物となるのは体のほうです。普通この手段は、自己の体の中に組み込まれていて、体を遺伝子の「乗り物」と呼ぶことができる。しかし、大抵は自己の体ですが、時にはほかの個体の体であったり、体の延長物であったり……。

——鳥の巣やビーバーのダムのような……。

ドーキンス　そうです、ビーバーのダムのような物であったりする。取り上げられている例は特殊なもののように見えるけれど、遺伝子が生き残りを確保するために使っている「表現型」という手段が、実際に力を発揮するのだということをハッキリさせるのに役立つでしょう。それらの手段が、多くの場合「乗り物」と呼べる一つの体の中にまとまって存在するのは、偶然なのです。

『延長された表現型』の重要な部分は最後の四章分で、ビーバーのダムや鳥の巣などについて説明したところです。延長された表現型というのは、ダムや鳥の巣のような無生物体でなくてもいい。寄生生物が住む宿主の体でもいいのです。寄生生物が、自分たちの生き残りや生殖に有利なように宿主を利用する場合、その宿主の体は、寄生生物の遺伝子の表現型であるとみなすことができる。

さらにこの考え方を発展させて、カッコウの例を取り上げました。カッコウは宿主の体の中に住んではいないけれど、寄生生物と同じ原理を使っている。つまり、自分の体と直接つながっていない別の個体に空間を通して影響を与えることで、自己の表現型の延長としているわけです。これが最終的には、「遺伝的遠隔作用（genetic action at a distance）」というコンセプトに至ります。動物のコミュニケーションのすべて、動物の信号のすべてを、「延長された表現型」と見なすことができるのです。

進化はゆっくりと継続的な過程だ

――『盲目の時計職人』の中では、ダーウィニズムというのは非常にゆっくりした小さな変化の積み重ね現象を説明した理論で、「自然選択」というのは、盲目で無意識の自動的なプロセスであり、目的も展望も意味も持たないものだということを説明されていますね。

ドーキンス　そのとおりです。この本では、デザインの問題を指摘したかった。多くの人は生物を考える際、どうしてもデザインされたものだという錯覚から逃れることが難しいということを言いたかったのです。また、「創造説」への答えを提示するという目的もありました。今と比べてまだ、特にアメリカでは、当時それほど「創造説」は広まってはいませんでしたが。

――『「不可能な山」に登る』の中では、飛行するリス（ムササビなど）や眼の進化の例を使って、進化というものは「断続」的なステージが数珠つなぎになったものではなく、連綿と「継続」するプロセスであることを説明されていました。

ドーキンス　『「不可能な山」に登る』はおそらく私の最も気に入っている本と言ってもいいかと思います。『延長された表現型』と同じように、いくつかオリジナルな考えが入っている。部分的にはある意味で『盲目の時計職人』の延長線上にある本ですが、たとえばカタツムリの殻の例を使って、バイオモルフ（生物変形）プログラムを作ったり、殻がどのように進化するかを考察しています。

私が見つけたのではなく、すでにわかっていたことですが、カタツムリの殻のほとんどすべてについて、たった三つの数字で表すことができる。たった三つの数字を数式に入れるだけで、一つの殻を作ることができます。そこで私はその操作をするコンピュータ・プログラムを作って、それに『盲目の時計職人』で紹介した「バイオモルフ」と同じような選択メカニズムを加えてやって、カタツムリを次々と作り出すプログラムを作りました。

『「不可能な山」に登る』に出てくるもう一つの新しいアイディアは、発生学の興味深い原理をシミュレートした「アースロモルフ」というプログラムです。それから「万華鏡型胚」（kaleidoscopic embryos）というものを考え出した。万華鏡というのは、筒をのぞくと鏡によって幾重にも反射されたきれいな模様が見えるものです。それが美しいのはシンメトリーがあるからです。動物発生学上、シンメトリーをもたらすものはすべて発生における制約となりますが、はからずも進化をスピードアップさせる場合もある。たとえば、ヒトデの場合を考えてみましょう。五本の腕を持っているとすると、そのいずれかの腕に突然変異が起こった場合、つねに残りすべての腕にその変異が起こる。そうすることで五本の腕のシンメトリーが保たれるわけです。このため、一本一本同じ突然変異が五本すべての腕に起こるまで待つ必要がない。こういった万華鏡型の効率の良さは、発生学上よく見られることです。

科学的な真実は美しい

——ご著書はいずれも科学への賛歌ですが、特に『虹の解体』がそうですね。われわれが全面的に科学に頼ることに対してやや躊躇があるとすれば、それは科学がその時代のテクノロジーの制約を受けていて、テクノロジーの進歩に伴って常に変化しており、新しい発見がそれまでの科学的発見を塗り替えることもあるからです。卑近な例では、チョコレートはある日までは体に良いとされていたのに、次の日のニュースでは体に悪いとか。そう頻繁に変化していくものを信用するのはいかがなものでしょうか。

ドーキンス　医学で〝X〟は体にいいと言ってから少し後に〝X〟は体に悪いと言った場合、本当の関係はベル曲線型になっていて、横軸が摂取量で、縦軸がその効果になります。もしその人がこのベル曲線の右半分に属しているとすると、その物質の摂取量にしたがって効果が下がるので、悪い結果になりますが、左半分に属する場合、摂取量が上がると効果が上がるので、良い結果になる。実際にはさまざまな要因が互いに影響しあっているので、必ずしもベル曲線型のスッキリした関係になるとは限らず、もっと複雑になるはずです。「物質〝X〟は体に良いか悪いか」というような問いかけをした場合、単純に良い悪いといった答えは出ません。最も簡単な答えは、「少量ならば体にいいけれど、大量に摂取すると体に悪い」というものでしょう。さらに、若いときは体にいいけれど、年をとったら体に悪い、とか、女性にはいいけれど男性には悪い、といったような別の要素が関係してきますし、遺伝子が関与してくるとさらに複雑になる。ある遺伝子を持っていると、体にいい物質でも、別の遺伝子を持っていた場合は体に悪いとか。喫煙は体に悪いという場合、ある遺伝子を持っていればそれほど悪くはないといったことも、可能性としては考えられます。

――科学的なアイディアの中でも、受け入れられやすいものとそうでないものがあるように見えます。ビッグバンやブラックホール、「ひも理論」などは、興味深いアイディアではあるけれども、確信が持てるところまでは行っていない。こういった、まだ実験できないようなあるいは自分の世界とかけ離れたアイディアを、受け入れることができるでしょうか。

ドーキンス　おそらく無理でしょう。ただ、科学哲学者は時々、実際信じられるものは何もないなどという極端なことを言うこともありますが、それは言い過ぎでしょう。たとえば、世界は平らでなくて球状になっているとか、信じてよい事柄も十分にある。それでもなお、それは厳密に言って反証されていない仮説に過ぎないと言い張る哲学者もいるわけです。進化も同じような意味で事実であり、それはもはや疑いようがないと思います。しかし、ビッグバンとか量子力学の諸説については、まだ不確定な状態にあると言えるでしょう。『虹の解体』を書いた目的の一つは、科学的な真実というものは美しいものであるということを言いたかったから。科学は、役に立つから教えるというより、美しいから、感動するから教えるというふうであってほしい。その美しさを十分に認識するためには、辛抱強く努力する必要があります。

教え方が間違っているのかもしれない。誰もが科学者にならなくてはいけないかのように、科学というのは実用的なやり方で教えられるべきだと思っているふしがある。音楽も同じです。バイオリンの演奏法を教えなくとも、音楽をいかに楽しむかを教えることはできる。科学も同じようにすべきなのかもしれない。実際に科学に携わる人たちを教育することも必要ですが、ほかの人たちには、科学に興味を持って楽しんでもらうようにするべきなのでしょう。

利己的遺伝子は協調的な個体をつくる

――『悪魔に仕える牧師』は、いろいろな色彩を持った魅力的な本でした。のちの『神は妄想である』に通ずるテーマが提示されていました。チャーリー・チャップリンのマスクの例（第5章）で明らかに示されたように、私たちは雲やトルティーヤ（特にメキシコなどで食する、薄平べったく焼いたパン）のなかに顔が見え、お茶の葉や星の動きで運を占い、脳はパターンを求め、物語を欲する。そしてほとんどの場合、何かを信じるのはそういうふうに育てられたからにすぎないと言っておられます。この求める心、信じる態度というものは、私たちの脳の自然な傾向であって、どうしようもないことなのでしょうか。

ドーキンス　これは自然な傾向ではあるかもしれないが、確実にどうにかすることはできる。ちょっと難しいだけです。なぜ人々がだまされやすいのか、迷信を信じやすいのか。たとえばなぜトルティーヤの中に顔を見るのかといったことを説明する必要があります。これを理解するのは実はそう難しくない。顔を見つける能力というのは重要です。くぼんだマスク（チャップリンのマスクの例）のイリュージョンを見ましたか。

――見ました。まったく驚きです。

ドーキンス　本当に驚きですね。なぜ脳が、どうしてありとあらゆるところに顔を見出したがるのか、説明するのはそう難しくないと思います。

脳にこういう傾向があるために、「自然選択」の結果、蝶や蛾の翅にこちらをにらみつけるような目玉の模様が残りました。今日の新聞にちょうどいい写真が載っていた。男の人が大きな蛾を両手で翅を広げながら持って、それを自分の顔の目の位置に持っていっているんですが、その翅に大きな目玉模様がついている。蛾がやっていることを、うまく示した写真でした。恐怖感を生み出している。脊椎動物は一般的に、ごくわずかのヒントでさまざまな形の中に顔を見てしまう傾向があるので、この蛾の模様は何か大きな動物の目に見えてしまって、恐怖感をあおるようにできているわけです。

（『悪魔に仕える牧師』は、遺伝子、心、宗教、真実などをテーマに扱った、ドーキンスによる魅力的な随筆集である。たとえば、

「われわれは、人類がかつて信じたことのあるほとんどすべての神々に対しては、すでに無神論者である。ただわれわれのうちの一部〔いま無神論者と呼ばれる人々〕が、もう一つの神をそこに足しただけである」

「安全や幸福というのは、安易な答え、安っぽい快適さ、生やさしい嘘に満足しているということを意味する」

というような、刺激的な記述を読むことができる。また、科学用語を濫用《らんよう》した人文系論文のいい加減さを暴いた、物理学者のアラン・ソーカル&ジャン・ブリクモン著『「知」の欺瞞』を引用して、「ポストモダン」という現象を鋭く批判してもいる）

――『悪魔に仕える牧師』の中で、あなたは「自然選択は、高度に集約され組織された生物という機械を作るために、『協力する』遺伝子を優遇する」とおっしゃっていますが、では、社会のほかのメンバーに対して「協力的な」態度を示す個体のほうが、生き残る可能性

が高いというふうにも言えるのでしょうか。

ドーキンス　ええ、それが『利己的な遺伝子』の主要課題でもありました。利己的遺伝子は、協力的な個体を作り出すのです。『利己的な遺伝子』の中で、「だまされやすい人vsだます人」の例を用いてゲーム理論を説明し、「やられたときだけやり返す」ようないい人はとてもうまくいくことを示しました。その章に「気のいい奴が一番になる」という見出しをつけたのは、利己的遺伝子は利己的な個体を作る、という短絡的な思い違いを正すためです。

――『祖先の物語』について少しお話しいただけますか。

ドーキンス　『祖先の物語』は私の著作の中で最も厚い本です。これは生命の歴史を、ジェフリー・チョーサーの『カンタベリー物語』（古英語で書かれた英文学の古典）にある巡礼の旅という形式に則って、現在から始まって生命誕生までを遡《さかのぼ》るものです。私たちは人間が進化の最終段階であると思いがちなので、それを避けるためにこういう仕掛けにした。これによって、人間は進化という大樹の大枝に連なる小枝の上に乗っかっているに過ぎず、しかも一番上の小枝とも限らない、別に特別な存在ではないという現実をよりハッキリと示すことができる。これが物語の仕掛けです。加えて、チョーサーの作品にならって話をつむぐことにもしたのです。主要な枝の分かれ目まで戻るたびに、生物学の一般的な講話を展開しました。

『神は妄想である』

――『神は妄想である』は世界中でセンセーションを引き起こしました。ご自身は一〇年も前にこの本を出そうとされたけれど、当時、出版社のほうが躊躇したということですが。

ドーキンス　今日《こんにち》、特にアメリカで顕著になっているのですが、無神論が以前よりずっと受け入れられやすくなってきています。ひょっとすると、以前から内心ではすでに無神論を受け入れていたけれど、ただ宣言することをためらっていただけなのかもしれない。それでも、まだ無神論者である大統領候補は出てきていません。

おそらく無神論を受け入れるうえで、最も大きな障害となっているのが、生きているものがとてもよくデザインされているように見えてしまうという、デザインの錯覚でしょう。これが一つ。もう一つは、道徳上宗教というものが必要で、宗教なしには私たちは善ではありえないという、まったく誤った感覚です。スティーヴン・ワインバーグ（一九七九年ノーベル物理学賞受賞）は、

「善人は善い行ないをし、悪人は悪い行ないをする。しかし善人が悪い行ないをするには、宗教が必要だ」

と言っています。

近刊『進化の存在証明』は、進化の証拠についてです。これまではあまり証拠について扱ってきませんでした。私のほかの本はすべて進化のさまざまな側面について多く語っていますが、直接その証拠について扱ってはいない。『利己的な遺伝子』では、進化をある側面から眺めてみるということをしていますし、『盲目の時計職人』では、デザインの錯覚について語っていますが、証拠の提示ということではなかった。私はこれまで進化の証拠というテーマに取り組んでこなかったので、やってみることにしたわけです。

進化

進化上の長い時間の概念

——ダーウィンの提唱した、「自然選択」による進化論の概念は、シンプルでエレガントなものです。しかし多くの人々が、特にアメリカにおいて、なかなか理解できずにいる。

一ついい例をあげますと、アメリカのある小学校で、六年生が一学期間かけて進化について学習することになった。三カ月間かけて、プレートテクトニクスや大量絶滅など、さまざまな進化のトピックスについて学習した後で、幅三〇cm、長さ五mの白い巻紙と、一mの物差しを渡され、「進化の時間表」を作るという宿題が出たんです。それまでに生徒たちは、白い巻紙に貼るために、進化上の動物や植物の切り抜きを山ほど集めてある。さらにその巻紙には、各時代の大気の状態、陸や海の形状なども、時間を追って書き込むことになっている。

ドーキンス 順序良くですね。

――そうです。物差しを使って。で、最初の約四・六mは、地球誕生から現在までの時間表を書き込み、残り四〇cmはこれから地球がどう変化していくかを、これまでの学習に基づいて想像して書き入れるように指示されたのです。

なにしろこれまでたくさんの切り抜きを集めてあるので、やっとこの長い巻紙に貼れるのだと思って、生徒は喜び勇んでこの宿題に取りかかったわけです。まずこの巻紙をキッチンの床に広げ、物差しを使って先カンブリア時代、カンブリア紀というふうに線を引きながら書き込んでいく。そうしてはじめて、最初の四mはほとんどまったく空欄だということに気づくんです！

ドーキンス まったくそのとおりだ！（笑）

――そして、四mから四・六mのあいだにある六〇cmのスペースに、集めておいたたくさんの動物や植物の切り抜きを全部貼らなければならないことに気づく。これが第一のショック。第二のショックは、恐竜が地球上をとてつもなく長いあいだ支配していたように思っていたけれど、実際に恐竜の絵を貼る段になってみると、切り抜いた絵は、恐竜にあてがわれた一六㎝のスペースにさえ入りきらないことに気づくことです。しかも、人間の占めるスペースが五ｍの巻紙全体のたった四㎜にもならない。

ドーキンス　それはすばらしい！

——そして第三のショックは、大規模な絶滅の時期を示す線を引く際、九〇～九五％もの種が絶滅しても、地球は問題なく存在しつづけてきたという事実を目《ま》のあたりにしたときです。

もちろんこれらすべてを三カ月間の授業ですでに習っていたはずなのですが、実際に自分の体を動かして線を引くまで、この時間の概念は生徒の頭に染み込んでこなかったんですね。

ドーキンス　それはすばらしい、みごとな学習です！　もう一つのうまいやり方は、子供たちに両腕を広げさせて、まず右手の指の先を地球の始まりとし、左手の指先を現在とします。そうすると、右手首から始まってだいたい左手の手首くらいまでは、いろいろなバクテリアが生息している時代、そして恐竜は大体左手の手の平あたりで登場し、人間は左手の爪の先くらいになります。そして、人類の文明すなわち本を書いたりというようなことは、爪の先をやすりでひとこすりして、爪から落ちた粉の分しかない！

進化を理解するうえで大きな障害となっているものに、この「深い時間の概念」というのがあると思います。そしてもう一つは、カメラやテレビなど明らかに人間がデザインしたものに常日ごろ囲まれて生活しているために、何でもデザインされたものだと錯覚してしまいがちになるということです。

――しかも目的を持っているように。

ドーキンス そう、すべて明らかに目的を持ってデザインされているように見えてしまう。おそらくこのせいで、理解に時間がかかったのだと思います。

なぜダーウィンが出てくるまでに長い時間がかかったのか、いつも不思議でしょうがなかった。ニュートンが出てから二〇〇年もかかっていますし、ニュートンの仕事のほうがはるかに優れていて、難しいように見えるから。でもこれはデザインの錯覚が強すぎたために、ダーウィンが見つけたような真実を、それ以前の人々が見出すことができなかったのだと思います。そして人々は宗教がないと世界は破滅すると感じており、進化を無神論と同一視して、宗教上の理由から進化に対して敵意を抱いたことも災いした。

ダーウィンとウォレス

――ダーウィンは学生時代特に優れた生徒というわけではなく、いとこのフランシス・ゴールトンのほうがはるかに頭が良いとみなされていたようです。ダーウィンはどうやってあのように偉大な発見を成し遂げたのでしょうか。

ドーキンス　ダーウィンは特に目覚ましい少年ではなかったかもしれないけれども、成熟してからは傑出していました。人それぞれ成長のスピードが違いますから。ダーウィンは飛びぬけて優れた少年ではなかったとしても、飛びぬけて優れた大人だった。そして幸運にも恵まれた。ビーグル号に乗るという偶然のチャンスに恵まれましたから。とにかく彼は、問題をじっくりと懸命に、執拗なまでの執着心を持って解こうとします。それに、比較的裕福な家庭に生まれたので、生活のために働く必要がなく、科学研究に集中することができた。

また皮肉にも、病弱であったことが幸いしたと言えるでしょう。病気がちであったので、ほとんど家を離れることがなく、講演旅行に誘い出されることもなく、ほとんどロンドンに行くこともなかった。病弱であったため、講演や夕食会のために頻繁にロンドンに駆り出されずにすんだ。おかげで思考に集中する時間が取れたのでしょう。

――ダーウィンは、ヴィクトリア時代のもう一人の旅する生物学者であるアルフレッド・ウォレスに、もう少しのところで先を越されそうになりました。ウォレスはブラジルやインドネシアでかなり大掛かりなフィールド調査を行なっています。ダーウィンは何年も前に進化の概念に到達していたけれど、その後の歩みはカメのように遅く、自分の研究を長いあいだ発表せずにいました。対するウォレスは、進化の概念に思い至るや、ウサギのごとく疾走した。それでもウォレスは公正で謙虚な人物であったので、のちに『ダーウィニズム』という本を書いて、すべてのクレジットをダーウィンに与えています。ウォレスはもっと認知されるべきでしょうか。

ドーキンス そう思います。それでもウォレスはあの時代、必ずしも見過ごされていたというわけではありません。ダーウィンは七〇歳すぎに亡くなりましたが、ウォレスは九〇歳くらいまで長生きしている。ウォレスは、ダーウィンに連絡を取ったころはまだ若者だった。ダーウィンの死後も長いあいだ生きて、人々に賞賛されています。決して忘れられたわけではありません。彼の死に際しての追悼文には、ヴィクトリア時代最後の偉大な科学者として記されている。ウォレスの業績がダーウィンの陰にすっかり隠れてしまったわけではありません。ウォレスは本当の意味の紳士で人柄も良く、おっしゃるとおり「ダーウィニズム」という言葉さえ生み出しているくらいですから。

性選択（sexual selection）

ドーキンス ただ、ウォレスはダーウィンに全面的に合意していたわけではありません。特に「性選択」については、意見を異《こと》にしていた。ダーウィンはたとえばオスクジャクの尾羽、その美しさについて、メスの気まぐれや趣味や美的センスによって選択された結果であるとしているのに対し、ウォレスはその説明は神秘的で不十分だとして強く批判している。たとえば長く美しい尾羽をもった鳥は、目立つことによって健康であることを宣伝していると見ることができるというのです。このようにウォレスは、すべて何かの役に立つはずだと考えていた。クジャクの尾羽のようなものでも、単に美しいというだけでなく、どういうふうに役立つはずかという説明をするのに腐心していた。そしてこのウォレスとダーウィンの「性選択」における視点の違いというものが、二〇世紀を通してずっといろいろな形で続いていました。

今日でさえ、「性選択」研究者のあいだでは、ダーウィン派とウォレス派に分かれているくらいです。私個人は、両方理解できます。どちら側にも特に強い思い入れはない。両者とも正しいということが十分ありうる。

ウォレスは晩年、やや神秘的になっていった。心霊術に熱心になり、降霊術の会に参加して、死者と交信したりすることに積極的になったりもしました。少なくとも晩年になってからは、神秘主義に傾倒するような性向がありました。

――ダーウィンはなぜ「性選択」を進化の特別なケースであるとしたのでしょうか。

ドーキンス　ダーウィンはおそらく間違って、「性選択」と「自然選択」の違いのように見えるものを、必要以上に誇張して考えてしまったのではないか。ダーウィンにとって、ペニスの進化のようなものは普通「性選択」には含まれないのです。ペニスが女性によって判断されることで競争的に進化してきた場合のみ、「性選択」の範疇に入ることになる。ペニスが生殖に役立つ器官であるというだけでは、「性選択」のケースにはならない。ダーウィンにとっての「性選択」とは、ゴクラクチョウの尾羽と同じで、メスの気を引くためにオス同士が競争することで成り立つのです。また時には、オス同士が互いに相手を感心させるために競争することもある。しかし、ペニスや子宮、卵巣などの進化は、ダーウィンにとっては「性選択」ではありませんでした。

「性選択」は個体の生存上必ずしも有利に働くとは限らない。「性選択」というのは、配偶競争のために有利に働くかどうかということだけです。したがって、オスクジャクの尾羽のように、（メスを惹きつけることはできても、重くなりすぎて敵から逃げ遅れたりして）しばしば個体の生き残りにとって不利になる場合もあるわけです。私自身はダーウィンの作った「性選択」という用語をそれほどかっていません。普通の「自然選択」の範疇に入れてしまっていいと思います。単に歴史的意味合いから、ダーウィンが「性選択」を特別扱いしていたことを学生に説明する必要があると思うだけです。

グールドの理論の問題点

――「絶滅」というような進化における不連続点について、あなたは進化過程の中断として捉えたのに対し、スティーヴン・ジェイ・グールドは進化過程の一部であるとして捉えました。あなたの漸進主義（gradualism）の立場から見て、グールドの唱えた「断続平衡説」（punctuated equilibrium）には、どのような問題があるとお考えですか。

（「断続平衡説」は、進化は一様に着々と漸進的に起こるのではなく、早く変化するステージを経ながら、断続的に起こるものだとする）

ドーキンス　この説は、その実際の中身よりもはるかに重要なものとして宣伝されたきらいがあると思います。そして進化における三つの異なる断続点を一緒くたにしてしまったために、混乱を招くことになってしまった。大規模突然変異（macro-mutation）、すなわち一つの遺伝子が大きな変化をもたらす場合――たとえば首の短いオカピが突然首の長いキリンを産むといった――これが第一点。第二点は、大量絶滅（mass-extinction）で、多くの動物が化石上の記録から突然消えてしまう場合。そして第三点が、急速漸進進化（rapid-gradualism）です。

――「急速漸進進化」といいますと……。

ドーキンス　選択が強くかかるとき、化石にその痕跡が残らないほど急速に進化が起こることがあります。『祖先の物語』の中で、ヴィクトリア湖はできてからたった一〇万年しかたっていないと書きました。そんな短い時間の中で、四五〇種類ものカワスズメ（シクリッド）という魚が、その湖でのみ進化してきたのです。おまけにヴィクトリア湖は一万五〇〇〇年前に完全に干上がったことがわかっている。したがって、現在生息しているカワスズメ群は、たった一万五〇〇〇年という、驚異的な短い期間に進化してきたことになる。これを化石記録で見た場合、たった一つのジャンプにしか見えないでしょう。こういう現象を急速漸進進化といいます。普通はこれほど急速ではないのですが。

これら三つはすべて起こっているでしょう。大規模突然変異も起こったでしょうが、進化の中に組み込まれているとは思いません。少なくとも頻繁な現象ではない。ひるがえって急速漸進進化のほうは、確実に起こっています。なぜ進化が一方では急速に進み、もう一方では非常にゆっくり進むのかというのは、興味深い問題です。ヴィクトリア湖の魚群とは対照的に、「生きた化石」（イチョウやカブトガニなど）のように、何億年ものあいだ変わらず生き残ってきているものもある。なぜ進化のスピードにこれほど驚くべき多様性が見て取れるのか。これは本当に面白い問題です。

しかしこれらを「断続平衡」と称しても、問題解決にはならない。たくさんの異なる現象を一緒くたにしているだけですから。しかも事実に反して必要以上に、それが反ダーウィン主義であるかのごとく宣伝しているのも問題です。

すべての生命に通底する原理は、複製する実体（たとえばＤＮＡ分子）がそれぞれ異なる手法で生き残っていくことで生命は進化していく、ということです。遺伝子、すなわちＤＮ

Ａ分子は、たまたまわれわれの住む惑星において成功している「複製する実体」であったのです。

男と女

――以前、男と女の行動の違いは、選択の結果である可能性が高いとおっしゃっておられましたが……。

ドーキンス　男と女は異なる生物学的な役割を背負っているので、異なる心理的な資質を持っていたとしても不思議ではありません。しかし思い込みすぎるのは問題です。女だからといってある種の道を歩まなければならないということもないし、男だからといって別の道を歩まなければならないということもない。

Ｅ・Ｏ・ウィルソンの講演を聴きに行った際、ちょっとショックなことがあったのを覚えています。ウィルソン氏の言ったことに驚いたのではなく、聴衆の中にいたある若い女性が質問に立って、ちょっと言い方は違ったかもしれませんが、「女性は所詮キッチンの洗い場に縛られている運命なのでしょうか」というようなことを彼に聞いた。彼の答えは、ちょっと長くて複雑でしたが、基本的には、性別による役割分担が遺伝的に決まっているというのは、ある程度否定できないというものでした。それで彼女は、一生奉仕する運命にあると宣告されたように感じたのか、ほとんど泣き出さんばかりになった。

これらはあくまで統計による一般化の話であることを忘れてはならない。男や女であるということのほかに、たくさんの要素が関係しあってあなたの資質を形作っている。ですから、統計上、ある性がもう一方の性よりも空間認識にたけているとか、地図を読むのがうまいとか、数学的認識力が高いといった場合、別にすべての人がそういうふうになっているということではまったくないのです。

バラの香りのする女性

――バラの香りのする女性を、選択で生み出すことは可能なのでしょうか。

ドーキンス　言い換えれば、思いどおりの特性を生み出すことができるかということですが、原則的には可能だと思います。人々は途方もない話だと思うでしょうから、あまり受けのいい答えではないのですが、ある意味当たり前のことでもあります。さらに極端な例を考えてみましょうか。飛ぶことのできる人類の子孫を生み出せるか。われわれとコウモリとは共通の祖先を持っています。もし進化を逆向きにさかのぼって、共通の祖先まで行き、それからコウモリのほうに進んでいけば、原則としてコウモリになることさえ可能です。あくまで原則としてですが、進化の空間を通る道筋があるはずです。進化の空間を通って人間からバラの花にいたる道筋さえあるはず。ただその場合、彼女はもはや女性ではなくなってしまうでしょう。では女性と呼べる存在でありながら、かつバラの香りがする人間を生み出すことは可能か。可能だと思いますが、試してみないと確実なことは言えません。

——「不可能な山」の模型の中には、それぞれの種が進化によって各々小さなピークを作っていることが示されています。それぞれのピークはある高さに到達すると、それ以上高くは伸びないのか。また、人間という種はピークに達しようとしているのでしょうか。

ドーキンス　必要な遺伝的多様性が出てくるかどうかというのは、興味深い問題です。たとえばバラの香りを選択しようとする場合、正しい方向に進んだとしてももうそれ以上突然変異が起こらず、それより先には行けなくなってしまうこともある。つまりピークに登ったはいいけれど、それ以上先には行けないということになります。

自然界ではおそらく、突然変異が起こらなくなるというより、不利なことがいろいろ出てくるからだと思います。人工的な都合のいい環境では、ピークをどんどん高くしていくことができるけれど、自然界では生き残っていかなければならないので、そう都合よくことが運ぶとは限らない。たとえば、異常に乳の大きな乳牛を交配によって作り出したけれど、これらの乳牛は自然界では生き残れない。敵が襲ってきた場合、逃げ切れないからです。ですから、登れるピークの高さにはおのずと限界があるわけです。

地球上の生物はすべて親類である

――「進化論」の現在の理解は、どのようなものですか。

ドーキンス すべての生物は、進化によって同じところから発生してきた親類であると言えます。これまで確認されているすべての生物は同じDNAコードを使っているので、多かれ少なかれお互いに親類であるといえるわけです。もし誰かがまったく異なる仕組みの遺伝コードを持った、バクテリアに似た生物を発見すれば、それらはほかの生物とは無関係に独自に進化してきたと言うことができるでしょう。ですが今のところ、われわれはすべて同じ祖先から由来してきているようです。

「自然選択」というのは、適応型の複雑な系（生物）を生み出す、唯一の知られているメカニズムです。「自然選択」が「進化」の唯一の動力だとは言い切れませんが、機能的な効率の良さと複雑さとを生み出すことのできる「適応進化」(adaptive evolution) においては、唯一の動力となる。だからといって、すべての進化が「適応型」であるということではありません。進化にはランダムな要素も入ってきます。

遺伝子プールの中での遺伝子頻度の変化――これは進化そのものを表しているのですが――を見てみた場合、「中立進化説」によれば、新しい遺伝子が遺伝子プールに入ってきて定着し、プールの中で定常遺伝子となる場合、この遺伝子は中性、つまり取って代わる前の遺伝子と区別できないものであるということです。したがって、同じ遺伝子に二つのバージョンがあって、一つがもう一つと入れ替わっても、結局まったく同じ効果をもたらすので、結果として何らの違いも生み出さないわけです。

この考え方は論争の的となった。これは日本の優れた遺伝学者である木村資生《もとお》によって提唱されたもので、最近では木村説は正しいとされています。なぜか彼は「自然選択」という考えを好まず、それは理解しがたいことでした。なぜなら、ほとんどの進化における変化はランダムであるとする木村説が正しいとしても、「適応進化」までランダムだとすることには無理があるからです。実際鳥は空を飛べるし、魚は泳げるし、われわれは呼吸したりできるわけです。そしてこれらの離れ業は、高度に複雑で確率的にほぼ不可能な仕組みで、可能になっているのですから。

ですから、少なくとも進化上最も大事な氷山の一角というのが「選択」ということになるのでしょうし、その部分こそ生物学者たちが最も興味を持っているところなのです。しかし分子レベルでは、遺伝子プールにおける遺伝子変化のほとんどが中立であるというのは正しい。遺伝子頻度の簡単な変化だけを見てみても、ほとんどの変化は中立です。中立でないのは少数派になる。しかしこの中立でない少数派の遺伝子変化こそが、すべての興味深い効果をもたらすのです。

遺伝的決定論

――遺伝子中心の進化というものが、遺伝的決定論（genetic determinism）に結びつかないのはなぜですか。

ドーキンス　遺伝的決定論とは、もし個人の遺伝子さえわかれば、その人の将来も含めたすべてを把握することができるというものです。どうやったら進化論が遺伝的決定論と結びつくのか、私には皆目見当もつきません。生物は少なくともある程度、環境に左右されるものだからです。

遺伝子や環境も含めて、もし知りうるかぎりのすべてを考慮に入れたら、すべてを予測できるようになるか、というのは哲学的な意味での「決定論」であり、「遺伝的決定論」ではない。当然ながら自分の死を確実に予測することはできない。もしタバコを吸う人であれば吸わない人より早く死ぬだろうとか、肥満であればそうでない人より早く死ぬだろうといった程度のことは言えるでしょう。しかしそれは環境要因についての非常にあいまいな統計上の一般論であって、大半の遺伝的要因についてもその程度のことしか言えない。確実な結論を下せる遺伝的要因はわずかしかありません。

――何億年もかかって、生命の樹は枝を幾重にも分かれて広げてきましたが、いつかこの枝は伸びて分かれていくのをやめるときが来るのでしょうか。

ドーキンス　その兆しはまったく見えません。息切れするようにも、枝分かれのエネルギーを失うようにもまったく見えない。少なくとも先進国においては死ぬことが難しくなってきていて、「自然選択」の切れ味が鈍くなってきていますが、アフリカなどではまだ若くして人々が死んでいきます。たとえばアフリカでは、おそらくAIDSに対する耐性を持った人々が、どんどん選択されてきているのではないでしょうか。実際AIDSに対する遺伝的な耐性が確認されています。ですからおそらくアフリカでは「自然選択」によって、AIDSに対する遺伝的耐性が選択されていると考えられます。

真実を求める

アフリカでの少年期

――アフリカでの幼年時代はどのようなものでしたか。

ドーキンス　ケニアの首都ナイロビで生まれ、家族は私が二歳のときにニアサランド、現在のマラウィに移りました。そして、八歳のときにイギリスに来ました。

当時は大英帝国の終わりごろですから、おそらくイギリス本国の一〇〇年前の状態に似ていて、アフリカでは召使を雇うようなけっこう豊かな生活であったと思います。豊かといっても、電気もなくオイルランプを使っていましたし、簡単な給排水設備しかなかったので、贅沢というわけではなかった。

ですからヴィクトリア時代の貴族の生活とよく似ていたかもしれない。アフリカ人に対する態度は慈悲深い父権主義（paternalism）とでも呼べるもので、彼らを同等ではなく子供のように庇護の必要な者という感じで、しかし愛情を持って接していました。忌むべき人種差別ではなかったけれど、差別ではあった。アフリカ人の男たちは「ボーイズ」と呼ばれていて、父親が子供に接するような感じの人種差別です。白人と黒人とのあいだにははっきりとした区別が存在しており、社交上の付き合いはありませんでした。白人が黒人を夕食に招くというようなことは考えられなかった。熱帯地方に住んでいたことが、その後役に立ったというようなことは特にありません。動物や植物について、当時もっと学ぶことができたらよかったと思いますね。

両親——どんな家庭でしたか。

ドーキンス　両親ともまだ健在です。父は植民地の農業部門の責任者で、ある地方の農業を管轄する仕事をしていました。オックスフォード大学で植物学を研究した科学者だった。私はオックスフォード大学で動物学を研究しましたから、二人とも似たような教育を受けたことになります。

私には三歳下の妹が一人いて、オックスフォードにいる医者と結婚しました。彼はもう引退して、一族の農場で農業を手伝っています。というのは、一九四六年に遠い遠い親戚が亡くなって、ドーキンス家が一七二三年ごろから所属していた土地を残したのです。田舎にある小さなその土地を所有していた家系の最後の人物が死んで、子供がなかったので、一度も面識のなかったドーキンス家のほかのメンバーに土地を残すことにした。それがたまたま私の父でした。そこで両親はイギリスに戻って農業をすることにしたのです。私が八歳のときでした。

両親からは大きな影響を受けていると思います。父の教育は私の場合と似ていた。父も母も生物学者で、両親とも野生の花の名前を、英語名とラテン語名の両方ですべて知っていた。ですから私も妹も興味深い科学的な環境で育ったといえます。

英国の全寮制学校

——寄宿学校での生活はどうでしたか。

ドーキンス　イギリスに戻ってから、ウィルトシャーにある全寮制の進学校に行きました。それ以前にも、アフリカで寄宿学校に二学期間行っています。七歳のときでした。

寄宿学校生活はややスパルタ式でした。大体一〇人くらいの生徒が一つの寮で寝起きし、規則に従った生活をしていた。ベルの音で起き、ベルの音で朝食につき、ベルの音で一時間めが始まるといった具合。寮で寝起きすることを除いては、大方ほかの学校となんら変わるところはありませんでした。

――科学や数学は最初から好きだったのですか。

ドーキンス　数学はそうでもなかったけれど、科学は最初から好きだったと思います。そして一四歳か一五歳ごろ、ダーウィニズムに出会った。突然の邂逅というような大げさなものではなく、もっとゆっくりと遭遇したという感じ。

――あなたの確固とした勇気ある態度というものは、一体どこから来ているのでしょう。

ドーキンス　創造説（Creationism）に対する戦いの姿勢のことを指しているのであれば、それは真実を求める気持ちに端を発しています。世界の本当の姿はどのようなものなのか、どのように機能しているのかということに対する純粋な好奇心と感動です。そして人々、特に子供たちが、そういった素晴らしさに触れる機会を奪われることに対する、憤りと困惑に根ざしています。

――宗教を押し付けられたというような経験はありますか。

ドーキンス　そういったことは特になかった。私が行ったのは英国国教会の学校でしたから、宗教ウィルスの中でもマイルドなほうで、毒性の強い宗派ではなかったですね。

なぜ人は見かけに左右されるのか

――人間は影響されやすい生き物だと言われます。シェークスピアが作品の中で描いたように、人間の悲劇は往々にして表層と深層の乖離に端を発する。多くの場合私たちは人を外見で判断してしまう。人間は脳の半分を視覚情報の処理に使っているのでそうなるということも考えられます。これは「外見による選択」というものが進化の過程で生き残りに有利に働いたからなのか。われわれは類人猿からなるべく遠い顔かたち、もしくは幼児顔というものをより美しいと感じる傾向にあるのでしょうか。

ドーキンス　この問題について深く考えたことはありませんが、興味深い考察です。そういうことはありうると思う。確かに、ほかの顔よりも魅力的な顔というものは存在する。そしていい顔をした人々はほかの人たちよりも、人生のあらゆる面においてより成功する傾向にあるというのは、ほぼまちがいないでしょう。彼らのほうが就職に有利であり、経営のトップに上りつめたり、ほかのいろいろな側面で成功する可能性が高くなる。ですから、ある種の顔をより美しいと私たちが感ずるというのは確かでしょう。

しかし、美しいからといって、その人がよりよい教授になったり、よりよい経営者になったり、よりよい秘書になると考えるべきではありません。それでもついわれわれは外見の良いほうに流れがちです。外見には、クジャクの尾羽のような性選択の側面があるのかもしれない。

では外見とたとえば知性といったものが関連しているかというと、大いに疑問です。知性というものに対する人々の認識と、外見とが関連しているということはあると思う。いい顔をした人の言うことは、そうでない人が言った場合よりも、真摯にとってもらえるということはあるでしょう。ですからいい顔をしていたらより知性が高いという錯覚を、人々がもつことはありうる。

――進化の過程で人間の脳が大きくなるにつれて、顔が幼児化してきたという可能性はないですか。子供の顔を見ますと、顔が小さく頭が非常に大きいわけですが。

ドーキンス 人類の進化の過程で起こったことの一つに幼形進化（pedomorphosis）があります。われわれは言ってみれば若いチンパンジーのようなものですから、より若い顔かたちというものに惹かれる要素があるのかもしれない。

もう一方で、知性というものが、顔にある美しさを与えるということはあると思います。目がどんよりとうつろな人よりも、知性の光をきらりと見せてこちらを見据えるような目をした人のほうが、より魅力的だということはあるでしょう。その意味では関係性があると言えるかもしれません。

脳と知性

「動物の行動は、利他的であれ利己的であれ、間接的ではあってもとても強い遺伝子の統制下にある。生存機械とその神経系（脳）の構築を指令することで、遺伝子は行動全体に決定的な影響を及ぼす。しかし次に何をしようかといったその時々の判断は、脳に任されている。遺伝子は政策決定者であり、脳はその施行者である。しかし脳がより高度に発達するにつれて、学習や実行のシミュレーションといった技を使って、実際の政策決定にまで関与しだしたのである」

（『利己的な遺伝子』より）

「われわれの脳は、遺伝子から離れて独立し、遺伝子に反抗するまでになった。避妊するたびに、小さな規模で反抗しているのである。大がかりに反抗してはならない理由は何もない」

（『利己的な遺伝子』補注より）

——なぜわれわれの脳は急激に発達してきたのでしょうか。

ドーキンス　どれが特にいいということでなく、いくつかの説を紹介しましょう。いくつかは功利主義的といわれる理論です。アフリカのサバンナで生き残るためには、どこに行けば獲物がみつかるか、どこに木の実やイモがあるのかを知っている知性というのは、重要であったというもの。おそらくこれはある程度正しいでしょう。知性は新しい道具や新しい生活の仕方を考え出すうえで、大変役に立つというわけです。

これよりやや間接的ですが、興味深いと思う別の理論は、社会的なものです。たとえば、賢い者はほかの者たちを出し抜くことができて、支配ヒエラルキーのトップに上ることができる。ヒエラルキーのトップに上れば、もしオスであれば、よりたくさんのメスと交尾することができて、より多くの子孫を残すことになる。したがって、社会的に優位なオスになるための遺伝子が伝えられていって、その特性の中に賢さというものが入っていたということです。

おそらくさらに興味深い説は、賢さというものが性的により魅力的に映り、頭そのものというよりその表現型、すなわち芸術や、物語る力、ダンスの能力、歌う才能といったものが、頭の中のクジャクの尾羽のような役割を果たしているというもの。とても興味深い考えです。どれもすべて正しい可能性があります。

――ショウジョウバエの実験で、知性というのはコストを伴うということが示されました

(Burger et al., 2008. *Evolution*, 62〔6〕1294-1304)。ほかのハエより遥かに早く餌を見つけられる賢いハエは、普通のハエより繁殖力に劣るというものです。過去三〇〇万年のあいだに、人間の脳は風船のように膨れ上がったわけですが、人類はいずれ高い知能の代償を払うことになるのでしょうか。

たとえばアフリカで気球に乗ると、何百万頭ものヌーの大群が大移動するさまを目《ま》のあたりにすることができる。ライオンなどと比べて、ヌーは別に賢いようには見えないけれども、種としては大成功しているわけですね。

ドーキンス　賢さとか、翼の大きさ、脚の長さなど、どの要素を取り上げても、ほぼ間違いなくベル曲線型のデータの散らばり方になることが予測できます。最も成功している個体は（最も数が多いので）、ベル曲線の真ん中にかたまっています。成功していなければ真ん中には来ないのだから。そして実験者が言うところの賢い個体群は、ベル曲線の端のほうに来ることになる。どんな分布曲線の端でも同じですが、進化の大きな変化というものが起きているのでないかぎり、端にくる個体群はあまり成功していないことを示していることになります。

——言語、音楽、絵画、ファッションなどの起源についてはどのように考えておられますか。デズモンド・モリスによると、人間が閉じた（始点と終点がつながるような）絵を描けるようになったときから、人間の認識というものが始まったということです。チンパンジー（有名なコンゴという絵描きチンパンジーを除いて）に絵筆を与えても閉じた絵は描けないのに対し、人間の幼児は、たとえば三歳ごろから閉じた絵が描けるようになる。

ドーキンス 四万年から五万年ほど前に、芸術的な、創造的な活動が突然開花したことが、考古学的な証拠によって示唆されています。突然、彫刻や絵画など、人間の審美的な活動の萌芽の証拠が現れだした。言語も同じころに出現したと言う人もいます。アートが言語の引き金になったのかもしれない。

言語のほうが遥かに前に遡《さかのぼ》ることができるという人もいる。誰もまだよくわかっていないでしょう。化石には、この問題に関する脳の関連領域がある程度の痕跡として残っているので、そこから類推することもできますが、証拠がどちら寄りだったか覚えていませんし、まだ論争中で誰もはっきりとはわかっていない状態です。言語はアウストラロピテクスまで遡れるという人もいますが、疑わしいと思う。

パラダイムシフト

——『神は妄想である』の中で道徳に関する時代精神（Moral Zeitgeist）というのは、自然に変遷していくものだとおっしゃっておられます。インターネット上で、特別なリーダーシップなしに、ある種の規律というものが自然発生していることが報告されています。生物は、細胞性粘菌や鳥の群れ、魚の群れのように、自己組織化（self-organization）能力を備えているということの例であると言えるかと思いますが、インターネットを通じてつながることによって、人間は集団知能（collective intelligence）というものに基づいた「集団自己組織化」とでも呼べるものを生み出せるようになってきているのでしょうか。

ドーキンス　実に魅力的な考え方です。インターネットはまったく新しく、非常に特異なものでもあります。ある意味、われわれがうまくそれを扱っていること自体、驚くべきことです。私の若いころは、誰もインターネットのイの字も思いつかなかった。おそらく人間社会にとって、印刷技術の発明以来の画期的な出来事ではないでしょうか。そして、ちょうどそれまでになかったようなやり方で印刷技術が人間を束ねたように、それ以上のスケールで人々がつながっていくでしょうし、大変なスピードで変化が起こっているので、次に何が来るのか予測するのは難しい。

インターネット全体で、一つの大きな生命体になるのではないかとまで言う人もいる。それがはっきり何を意味しているのか定かではありません。しかし、進化の過程を遡って、最初の神経細胞ができ始めたころ、誰かが、いずれこれらの細胞群が一体となって脳というものを生み出し、意識というものを持ち、それぞれの脳は、各々別の個体として認識されうる、というようなことを言ったとしたら、一体何を意味しているのかまったく定かではなかったでしょう。私は私で、あなたはあなたと認識できる。あなたは私がどのような人間か想像することはできても、本当の私がどういうものであるか実際に知ることはできないけれども、あなた自身はあなたであることがどういうものかを、よく知っている。われわれは、自己という実体がそれぞれの脳の中に存在しているという幻想を抱いている。そしてこの幻想は、明らかに神経細胞の集団が生み出したものなのです。

一体誰がそれを予知することができたでしょうか。ですから同様に、インターネットが、全体として一つの意識を持った存在になる、というSFのシナリオを想像することはできます。でもまだSFの域を出てはいませんが。

——ペトリ皿の上で心臓の細胞をばらばらにして培養していると、最初はそれぞればらばらのリズムで鼓動していますが、しばらくするとそのリズムがシンクロしてくることが知られています。何らかの方法で細胞同士が連絡しあっているわけです。また、コンサートの後で聴衆がアンコールを望んで拍手をする際、拍手がひとりでにシンクロしてくることもあります。

ドーキンス これは「創発」(emergence)と呼ばれる現象です。別の良い例はムクドリの群れです。リーダーなしに、それぞれの鳥がシンプルなルールに従って行動することで、整然とした群れの行動を生み出しています。そのルールというのは、ほかの鳥に対してはこの角度、別の鳥に対してはあの角度、といったようなことかもしれない。群れ全体として驚くべきスピードで動き、それは、アメーバのように、あたかも一つの個体のように見えますし、そのように行動します。

（鳥の群れがダイナミックに方向を変えていく写真を見せながら）このようにですね。ここでは群れ同士が互いに交錯したりしていないようですが、実際に交錯して飛んでいたら本当にすばらしい。映像を見てみるとまったく驚異的です。


——魚の群れも同様ですね。群れの動きのすばやさに目を見張ります。

ドーキンス　そうです、そうです。本当に美しい。驚きです！

宗教と科学

——『ギルガメッシュ叙事詩』が書かれた紀元前二八〇〇年ごろまでには、すでに人類は神という概念を持っていたようです。多神教時代の神々は、ある意味強大な自然の力というものを代弁するがごとく、気まぐれで理不尽で耐え難い存在でした。

その後ローマ時代の知識人マルクス・アウレリウスやウェルギリウスなどが、理想的で神聖な一神教の神というものを作り出し、以来宗教は、地球上最も広汎に浸透した強力な「ミーム」となってきました。

一神教は、ローマ帝国のような歴史上の広大な帝国を統一するうえで、求心力を生むことに加担してきたわけです。さらに、神のもとで人はすべて自由であり平等であるとして「自由」と「平等」という概念も生み出しました。なぜ宗教はそれほどまでに強力であったのか、宗教はどこから発生したのでしょうか。

ドーキンス　これは複雑に入り組んでいて、これというシンプルな答えが見つかるとは思えません。世界というのはどのようになっているのか、われわれはどこから来たのかという問いに対する答えを求めていたのでしょう。どの民族も創世神話というものを持っており、たいてい超人が何かを生むというような話になっている。絵になるような美しい物語であることもあります。

自分たちの起源を知りたいという、よほど強い欲求があったのでしょう、何千という数の創世記が存在します。ポリネシアの島々すべてに、それぞれの創世記があるし、オーストラリアのアボリジニたちも持っている。われわれの住んでいる地方（ヨーロッパ）は、たまたまユダヤ教の創世記が、もとはバビロニアから来ているものでしょうが、独占しています。日本にも一つ以上の創世記があるのではないでしょうか。

ですから、一つにはこういった好奇心というものが元にあった。もう一つは、支配階級が、統治上、権力の道具として利用したのでしょう。何百万もの人々が組織的に誤った教育を施された。「道徳に関する時代精神」というものは時代の流れに沿って変わっていくものですが、聖典というのは書き換えられない。

――ある意味役に立ってきたと……。

ドーキンス　一神教は、当時の国王や祭司といった権力者たちにとっては、大いに役に立ったでしょう。

――科学は宗教に取って代われるでしょうか。

ドーキンス　科学が宗教に取って代われるかどうかというのはわからない。人間の心理的なさまざまな傾向の副産物として、宗教が誕生したのだと思います。部族のリーダーに従う、あるいは両親に従うというのは、自然のなりゆきです。おそらくそのどちらかは、もう一方の一般化した形でしょう。

また、今までいつも周りにいた人が死んでしまった場合、その人がもういなくなってしまったのだという現実を受け入れるのは大変困難です。あなたの考えを聞いてくれる彼らはもういないということが、なかなかピンとこない。こういった心理的な傾向がからまりあって、いわゆる宗教というものが形作られたのでしょう。

**――しばしば、宗教というものは非常に悪質な嘘であると語っておられますね。しかし今《こん》日《にち》多くの人々は信仰に頼って生きており、それによって感情的な欲求を満たしているところがあります。宗教を取り除いて、アートや音楽や文学などでその隙間を埋めることができるでしょうか。

ドーキンス できると思います。アート、詩、人間愛、友情、科学——自然を愛する心、音楽やアートをいつくしむ心などです。これらすべてを一緒にすれば宗教より効果的ではないでしょうか。

真実を求める心

——多くの人は生きていくうえでの手引きを必要とします。自然のありのままの姿を明らかにすることで、果たして科学は救いを提供できるのか。人生の厳しい現実をしのいで生きていくために、われわれには「愛という名の幻想」のような「あたたかくて快適な嘘」が必要なのではないでしょうか。

ドーキンス さまざまな形の愛があります。セクシュアルな愛もその一つです。たとえば飢えや、のどの渇き、性的欲望など、われわれは生殖をうながすさまざまな欲望というものを持っている。われわれは非常に社会的な動物なので、セクシュアルな愛の持つ役割というのは明らかです。おそらく子供を育てるといった目的のための結合を意味する。まずセックスがあって、それから子供を育てる……。そして戦友への友情、子供への愛情、社会の一員としての同志愛といった、さまざまなつながりをもたらすメカニズムが存在する。なぜ脳がこれらのさまざまな愛を生み出す傾向にあるのか想像するのは、それほど難しいことではありません。

――では誰もが厳しい現実に向き合って真実を見つめる覚悟ができているのでしょうか。

ドーキンス　それはなかなか難しい。現実というのは残酷なこともあるから。不治の病に冒された場合、医者に正直に告知してもらいたいか。多くの人はそうしてほしいでしょうが、すべての人が望むとは限らない。

真実について、あるいは世界についても同じことが言えます。真実は不快で、恐ろしくて、寂しくて、冷たくて、暗くて……というふうに感じる人たちもいます。『利己的な遺伝子』を読んだ後、あまりにもネガティブで虚無的に感じられたので、生きていく意欲を失った、というような類《たぐい》の手紙をもらったことも何度かあります。おそらくそういう人たちは、医者に真実を言ってほしくないのでしょう。だからといって、私は本を書くのをやめるわけではないし、医者も本当のことを知りたいかどうか、あらかじめ聞くと思いますよ。

そうは言いましたが、真実というものは必ずしも荒涼としたものとは限りません。荒涼としていると感じる人がいるかもしれませんが、間違っていますね。真実はすばらしいものだと思います。

現実の世界は美しい

ドーキンス　科学的にしっかりと理解すれば、現実の世界というのはそれはそれは美しく間違いなく面白いものです。間違った驚きや商売目的の似非《えせ》科学に惑わされず、地道な努力をして正しく理解するのに十分値する。これは本能的なものではないので、時間と忍耐力を必要とします。

花はもっとたくさんの花を、鳥はもっとたくさんの鳥を、ゾウはもっとたくさんのゾウを、人間はもっとたくさんの人間を作るために生きている。私がこの世に生まれたのは、信じられないくらいラッキーなことですし、あなたもそうです。われわれの脳が許すかぎり、この世界やそこに生きる生命について、なるべくたくさんのことを理解するのが望ましい。世界は冷たく荒涼としたところではなく、素晴らしく美しく親しみの持てるところです。私は、自分がその中にいることを心から楽しんでいます。

編・訳者あとがき

「何かについてすべてを学び、すべてについて何かを学ぼうとせよ」
「きっぱりと決断して行動し、その結果を引き受けよ。優柔不断は何の良い結果も生まない」

——トーマス・ヘンリー・ハックスレー

「私たちはスポットライトの中で生きている」とドーキンスは言う。『現世紀』というのは膨大な時間の流れの中の小さな一スポットライトに過ぎない」のだと。

このフレーズは、シェークスピア悲劇『マクベス』の中の“To-morrow, and to-morrow, and to-morrow”で始まる有名な一節を想起させる。マクベスの野望をかりたててきた夫人の死を知らされ、忍び寄る自身の最後を思いながらマクベスが独白する。

「明日、また明日、そしてまた明日が
一日一日、ひたひたとしのびよる

過ぎ去りし時間の尻尾を目指して
そしてすべての昨日は、バカどもに火をともし
死して塵となしてきた
消えろ、消えろ、はかないろうそくの火！」
はかないろうそくの火とはもちろん、刻々と闇の中に消えていく人間たちの命のこと。
そして、
「人生は歩き回る影にすぎない、哀れな演者が
自分の持ち時間だけステージで気取ったり不機嫌になったりして
やがて何も聞こえなくなる。これは
愚か者が語る物語、大音響と激情に満ち満ちているものの
何の意味もありはしない」（第五幕、第五場）
と続く。

しかし、マクベスの科白が人生のはかなさ、無意味さを象徴するものであったのに対して、ドーキンスは同じコンセプトにまったく違った意味を持たせる。

延々と続く永い時間の帯の中で、現在というのは、たった一つのスポットライトに照らされた一点に過ぎないとドーキンスも指摘する。その一歩手前（過去）も一歩後ろ（未来）も闇の中。しかしドーキンスのほうは、私たちはたまたまったくの偶然でこのスポットライトの中に生きていて、ここに存在すること自体が、実は驚くほどラッキーなことなのだと言

う。なぜなら、生きとし生けるものは、その大方が子孫を残すことなく死んでしまうのであって、われわれの祖先だけが運よく子孫を残してきたから、私たちがここに存在していると。しかも、認識の範囲を超える永い時間を使った「進化」の過程を経て生み出された、まったくもって美しい世界に私たちは生きていて、その美しさをつまびらかにするのが科学の力であるというわけです。

この本は、リチャード・ドーキンス（オックスフォード大学、進化生物学）が「宇宙で成長する」と題して一九九一年に英国王立研究所で行なった、子供たちを対象にした「進化」についてのレクチャーを編集・翻訳し、それに新たに行なったインタビューを加えて、一冊にまとめたものです。刮目すべきは、二〇年あまり前に行なわれたこのレクチャーが、内容的にほとんど手を加える必要がないどころか、かえってますます時代に強く訴えかけるものになっているということ。それはとりもなおさずドーキンスの慧眼《けいがん》、その洞察力を証明する結果となっている。

ドーキンスといえば、一九七六年に出版された『利己的な遺伝子』で、個体は遺伝子が自己複製するための乗り物に過ぎないという表現の仕方で、遺伝子を中心にすえて進化のプロセスを明快に説明し、ピーター・メダワー（イギリスの生物学者、ノーベル賞受賞者）やW・D・ハミルトン（イギリスの進化生物学者）など優れた科学者たちに強く支持されている。

本書は、進化の問題を考える上で最も重要な、われわれの認識をゆるがす「永い時間の概念」や「デザインの問題」、「微々たる違いの積み重ねによる力」といった事柄を、実にわかりやすく見事に説明していて、優れた進化論入門になっているのはもとより、ドーキンスの著作のエッセンスが網羅されているので、彼の世界への入門編としても格好の書になっているると思われます。この本は、今私たちが存在するこの世界が、いかに驚くべきすばらしい真実にみちみちているか、科学に忠実に進化を説明することで明らかにしている。

もともとこの本は、Brave Brain「勇気ある脳」という企画を考えたところから始まりました。読者が喜びそうな温かいウソを言うのではなく、たとえ不都合であっても真実がどこにあるのかをあくまでも追求していこうとする科学者たちの真摯な態度に刺激されて、ぜひ彼らの話を聞いてみたいと思った、その第一号がリチャード・ドーキンスでした。

数式などを駆使せず、内容を必要以上に誇張せず、はしょることも犠牲にすることもなく、わかりやすくかつ正確に伝える。これは、ジョン・メイナード・スミス（二〇世紀における進化生物学の第一人者）はじめ優秀な科学者たちが認めるドーキンスの力であり、徹底して真実に忠実であろうとする一科学者の真摯な姿勢を示しています。

時にそれは、一九九八年《ネイチャー》誌に発表された「仮面を剝がれたポストモダニズム（Postmodernism Disrobed）」と題する彼の書評（物理学者アラン・ソーカルとジャン・ブリクモンが「ポストモダン」哲学を痛烈に批判した著書『「知」の欺瞞』について書かれたもので、『悪魔に仕える牧師』に収録）に顕著なように、デリダ、ガタリ、ラカン、フーコーらによるポストモダンの欺瞞を容赦なく論破したりする。また、科学者フランシス・コリンズ（「ヒトゲノム計画」のリーダーを務め、現アメリカ国立衛生研究所〔NIH〕所長、キリスト教信者）と行なった「神vs科学」の討論（二〇〇六年、《タイム》誌ほか）は、ドーキンスの厳格な科学者としての面目躍如といったところで、その勇敢さが際立っていました。

一九世紀の生物学者トーマス・ヘンリー・ハックスレー（ＴＨＨ）は、「ダーウィンのブルドッグ（番犬）」と呼ばれるほどダーウィンを徹底して擁護した、弁舌さわやかにして、形だけの権威などへとも思わない、プリンシプルの人でした。病弱なため田舎に引きこもって研究を続けていたダーウィンに代わって、「誰が正しいかではなく、何が正しいかを問うべし」という姿勢で「進化論」の公開討論を重ね、いい加減なロジックや、自分の論理のために事実を都合よく合わせようとする姿勢に対しては、まったく容赦がなかった。ドーキンスも、果敢にダーウィニズムを解説するそのゆるぎない姿勢と、公開討論での歯に衣着せぬ発言から、ＴＨＨになぞらえて、「ダーウィンのロトワイラー（番犬）」と呼ばれることがあるくらい。

太古の時代にあっては〇％の眼より一％の眼のほうが、あるいは半分の眼や翼でも生存競争には有利だった――まったく微々たる違いなのだけれども、この違いが積み重なることによって、進化がゆっくりと進むという話。人間を含めた地球上に生息するすべての生物は親類なのだという話。またティンバーゲンによるジガバチの実験を説明して、昆虫から人間まで脳を持った生物は、すべて脳内にヴァーチャル・リアリティーを構築しながら生きているのだという話など、ドーキンスはわれわれの認識力を広げるために実験をふんだんに取り入れて説明する。加えてSFファンにとっては、『銀河ヒッチハイク・ガイド』シリーズの著者ダグラス・アダムスが生出演して、自分の作品を朗読するといううれしいおまけもあった。

またこの本にも出てくる「バイオモルフ」（デズモンド・モリスの命名）は、ドーキンスがアルゴリズムを作ったコンピュータ・プログラムで、ボストンの科学博物館でも長いあいだ常設され、毎日多くの人たちが、ランダムな突然変異がランダムでない選択によって強化されていく過程、すなわち「人為選択」や「自然選択」のコンセプトを簡単に体験できるようになっていた。

やさしく間違わずにことの本質を伝えるには、大変な努力を要する。ことの本質をよく知らない人にとっては、むしろわかりにくく難しく説明するほうが高邁な内容に聞こえてしまうというやっかいな現象もあったりして、やさしく説明するには勇気がいる。

密につながりつつあるグローバル社会で、共に生き残っていくために必要なのは、自分たちを俯瞰《ふかん》できる広い視野と、永い時間を掌握できる洞察力を身につけることであり、進化を知ることはこういった力をはぐくむことになるのでしょう。

この本の実現にあたっては、次のような才能ある方々に協力していただいたことを、心から感謝しています。企画のはじめから一貫して温かいサポートをしてくださった Rand Russell 氏、途中から強力な助っ人となった Diana Khew 氏、英文チェックでお世話になった Jane Wilson 氏と Hanna Tonegawa 氏、英文校正をしてくださった Lucy Wainwright 氏、訳文チェックをしてくださった山口素臣氏、校正にあたられた二タ村発生氏、イラストを担当してくださったいずもり・よう氏、そして、果敢に編集作業をしてくださった早川書房の伊藤浩氏とそれを賢明に支援してくださった山口晶氏にそれぞれ深く感謝しております。

なお挿入画像は、レクチャーの雰囲気を残すために、なるべく本物のレクチャーから切り出して編集してあります。

紆余曲折を経て、やっとこの本を読者に届けることができることを、心から幸いに思っております。

二〇一四年一二月

吉成真由美

文庫版　編・訳者あとがき

「真実の発見は、偽りのみかけや推論力の弱さが妨げるのではなく、先入観や偏見によって最も強く妨害される」

――アルトゥール・ショーペンハウアー

ドーキンスは、「私たちは人間が進化の最終段階であると思いがち」だと鋭く指摘しています。だから、ジェフリー・チョーサーによる『カンタベリー物語』の巡礼の旅という形式にならい、生命史を、現在から始まって生命誕生まで遡るという、進化の逆をたどる仕掛けを使って、『祖先の物語』として著したのだと。これによって、「人間は進化という大樹の大枝に連なる小枝の上に乗っかっているに過ぎず、しかも一番上の小枝とも限らない、別に特別な存在ではないという現実をよりハッキリと示すことができる」（本文二二五頁）と考えたからだと語っています。

進化は人類史のみを考えると、一方向に進んでいるように見えますが、進化の大樹全体を眺めてみれば、何十億という異なる方向に進んでいることがわかります。その証拠に、バクテリアやオウムガイ、カブトガニ、シーラカンス、魚類、昆虫、鳥類、哺乳類など、進化の異なる時期に誕生した生物が、今日地球上に共存しています。かつて地球上に誕生したさまざまな種は、その九九％以上が進化の過程で絶滅してしまっていて、現存する種の数は、研究者によって五〇〇〇万～一億種と、大幅に違いがあるのですが、最近の発表ではだいたい一〇〇〇万くらいであろうと推定されています。

永い時間軸で見てみると、進化が生み出したこの膨大な生物の多様性は、地球の気温や大気の組成をある程度一定に保ったり、地球の緑化を促進したりすることで、この惑星の平衡を保つことに大きく寄与してきています。そして人類は、ドーキンスが指摘したように、進化の樹のわずか一枝にすぎず、しかも必ずしも「最も成功した種である」と言えないかもしれません。もし大きな環境変化があって人類が絶滅するようなことがあったとしても、地球は存続し続け、他のさまざまな種が、太陽の終焉までのあと五〇億年、姿かたちを進化させながら続いていくことは、十分考えられるからです。

人類の将来について、人工知能やバイオテクノロジーへの期待もあって、種々の未来予測がなされています。例えば、

「おそらく我々が、ホモ・サピエンスと呼ばれる最後の人類になるのではないか。あと一〇

〇年か二〇〇〇年くらいの間に、もし我々が自分自身を絶滅させずに済んだなら、おそらく人類は、もはや有機的（オーガニック）な存在ではなくなり、ロボティックスやＡＩを活用した、ホモ・サピエンスより格段に優れた知能・身体能力などをそなえた、かなり無機的なポスト・ヒューマンに進化していくだろう。その過程で、最大約半数にも上る人類は、無用の長物と化してしまう可能性が高い」（ユヴァル・ノア・ハラリ：歴史学者）というような厳しいものや、

「遺伝学、ナノテクノロジー、ロボティックスなどのめざましい進展によって、人類は知性、耐性、理解力、記憶力などを飛躍的にのばした新しい種として、ほぼ悠久の命を手に入れ、いずれ宇宙を支配するようにもなっていくだろう」（レイ・カーツワイル：未来学者）という楽観的なものまで、ＳＦさながらのさまざまな将来像が、現実味をもって語られるようになってきました。

これらの将来像の背景には、ドーキンスが本書に書いたように、ユダヤ・キリスト教的な、人類を進化の頂点とする考え方が色濃くあるように見えます。ポスト・ヒューマンへの急速な移行を予測する人たちに、人類は進化の樹の単なる一枝に過ぎないのではないかと問えば、それは有機的な存在である生物による「自然進化」に限られる話で、これからの人類、すなわちポスト・ヒューマンは、ＡＩやロボティックスの発達によって、自分たちが神のような役割を果たしていくほどの能力を手にし、人類の誕生以来初めて、「創造説」に則ったかのように、つまり自分たちの将来の進化を、神がごとく、自らの手で決定していくようになる

のではないかと言います。しかも、この流れはもう止めようがなく、唯一できるのは、人工的な進化の流れの「方向」を、制御し変化させていくことくらいだろうと。

人類が、他の地球上の生物が持てないほどの力を有してきていることは確かでしょう。例えば地球全体を崩壊させるには一〇〇～二〇〇発もあれば十分だと言われる核兵器が、世界中には一万七〇〇〇発あまりもあるわけですから。ひょっとすると私たちは、人類進化の転換点にいるのかもしれない、ということも想像できます。

ただ、地球全体を俯瞰してみれば、自然は、人間が把握しているよりもはるかに複雑・巨大で、ほぼ無限の相互関係をもっていることも確かでしょう。人類の将来への舵取りを考える上で、進化の永い時間軸とすべての種を含む広い全体像を把握していることは、これからますます重要になっていくように思われます。


文庫版出版に当たっては、早川書房の深澤祐一さんに大変お世話になり、深く感謝しております。

「科学的にしっかりと理解すれば、現実の世界というのはそれはそれは美しく間違いなく面白いものです」と語るこの書が、時代に左右されない素晴らしい進化論入門であり科学的思考への賛歌であるという思いを、読み返すたびに強くする次第です。

二〇一六年一二月　吉成真由美

解説／危険で魅惑的な知的探求の旅

文筆家
吉川浩満

最良の進化論入門書

あなたはどうしてこの本を手にとったのだろうか。進化についての興味からだろうか。それとも、リチャード・ドーキンスというスター科学者にたいする関心からだろうか。あるいは、すでに熱心な愛読者であるために手にとるのも当然のことだったかもしれない。

どちらにせよ、あなたは最高の一冊を選びとった。本書は現在望みうる最良の進化論入門書であり、またサイエンス入門書である。なにしろ、マイケル・ファラデーの不朽の名著『ロウソクの科学』を生んだ英国王立研究所のクリスマス・レクチャーに、稀代の科学者・科学啓蒙家であるドーキンスが挑んだドキュメントなのだ。聴衆の子供たちを夢中にさせたにちがいない刺激的な連続講義は、まさしく現代版『ロウソクの科学』と呼ぶにふさわしい。また、高度な内容を易しく面白く伝えるテクニックは、専門家にとっても学ぶところが多いだろう。要するに、子供にも大人にも素人にも玄人にも有用な最強の進化論入門書でありサイエンス入門書なのである。

それだけではない。このレクチャーは、世界に衝撃を与えた一九七六年の『利己的な遺伝子』以来、ドーキンスが次々と発表してきた傑作群のエッセンスが詰まった精華でもある。現代の進化思想・科学思想に大きな影響を与えつづけているドーキンスの入門書としても恰好の一冊なのだ。なんであれものを知りたい考えたいと願う人が、この本を読まないですませる理由なんて、ちょっと思いつかないくらいである。

本の成り立ちについては、編・訳者の吉成真由美さんによる行き届いた説明があるので、ここで繰り返すまでもないだろう。本文の内容についても、ドーキンスのレクチャーはこの上もないほど親切かつ明快なので、じっくりと取り組んでもらえれば理解できるはずだ。

そこでこの解説では、本書をきっかけに進化論の世界に足を踏み入れようという人に向けて、今後のさらなる探究のための補助線を引いてみたい。まず、レクチャーで繰り出される魅力的なアイデアの数々が、それぞれドーキンスのどの著作で詳しく説明されているのかを示そう。しかる後に、ドーキンスの仕事がわれわれの世界観や自己認識においてどのような役割を果たすものであるかについて述べよう。備忘録や読書ガイドとして参考にしてほしい。

クリスマス・レクチャーとドーキンスの諸作品の関係

第1章「宇宙で目を覚ます」は、レクチャー全体への導入部である。まずドーキンスは、科学が対象とするミクロからマクロまでのスケールが、私たちの日常的な感覚からはかけ離れたものであることを、さまざまな例を通じて示してみせる。これは、すべての科学入門書に採用してほしいくらい巧みな導入である。というのも、進化論を含め科学にたいする誤解や無理解の多くは、私たちの日常的な感覚と科学が扱うスケールとの圧倒的な乖離をイメージできないところからくるからだ。ドーキンスはレクチャーの冒頭にあえて躓きの石を置くことによって、私たちが日常性という麻酔から目を覚ますためのショック療法を施すのである。デイヴ・マッキーンによる挿画が楽しいフルカラーの大型本『ドーキンス博士が教える「世界の秘密」』（早川書房）では、本レクチャーでも語られた祖先への長い旅が愉快なヴィジュアルとともに活写されている。プレゼントにも好適な一冊だ。『祖先の物語――ドーキンスの生命史』（小学館）は、まさに祖先への旅そのものがテーマとなった二巻本。また、神秘体験や超常現象といった超自然的な認識から抜け出して科学的な理解力を養うことの重要性は、『悪魔に仕える牧師――なぜ科学は「神」を必要としないのか』（早川書房）の第7章「娘のための祈り」にて、ドーキンスが娘ジュリエットへと宛てた手紙というかたちで感動的に綴られている。

第2章「デザインされた物と『デザイノイド』物体」では、いよいよドーキンスの本領へと踏み込むことになる。「デザイン」の問題は、ドーキンスが生涯をかけて追究してきた最大のテーマだ。それはあらゆる進化生物学者が挑戦すべき難問であり、さらにいえば、あらゆる反‐進化論者がよりどころとする砦でもある。つまりデザインの問題こそが進化論の主戦場なのである。あたかもデザインされたかのように見える自然の物体「デザイノイド」が、単なる偶然ではなくほかならぬ自然選択による進化から生まれることは、本レクチャーでも十分に説得的に示されているが、『盲目の時計職人――自然淘汰は偶然か？』（早川書房）では、それがより詳細かつ広範に論じられている。また、進化論を否定する創造説にたいしてこれでもかと進化の証拠を突きつける『進化の存在証明』（早川書房）という力作もある。

第3章「『不可能な山』に登る」では、進化の途中過程が語られる。なぜ進化の途中過程が問題になるかといえば、実際の生物に見られるような精巧な姿や仕組みが自然選択によって生まれるはずがないという反論が根強く存在するからだ。しかし、自然選択の漸進的なプロセスが一見不可能と思えるような造形を生みだすことを万人に向けてわかりやすく解説したのはドーキンスの功績である。これは本章と同名の書籍『「不可能な山」に登る』（*Climbing Mount Improbable*、未邦訳）で詳しく展開されている。レクチャーで紹介されているコンピュータ・プログラム「アースロモルフ」や「バイオモルフ」も登場する。

第4章「紫外線の庭」は風変わりなタイトルだが、ふだん私たちが囚われている人間中心の観点から離れてみるには恰好のメタファーである。進化を理解するためには、かりそめにであれ人間の観点から離れなければならない。たとえば紫外線は私たちの目には見えないが、ハチにははっきりと見える。だからハチは自分が利用する花を、私たちが見るのとはぜんぜん異なった仕方で見ているはずだ。そして花もまたハチを利用している。このような共生関係は、いったい何のために存在するのか。そこで登場するのが遺伝子の観点である。生物の姿や行動は遺伝子の複製という観点から初めて理解できるものであるからだ。本レクチャーで簡潔に「われわれはDNAによって作られた機械であり、その目的はDNAの複製にある」と述べられている主張は、世間を驚かせたドーキンスの出世作『利己的な遺伝子』（紀伊國屋書店）の中心的論点だった。次作の『延長された表現型——自然淘汰の単位としての遺伝子』（紀伊國屋書店）では、この論点がハチと花に見られるような共生関係や、生物がつくる構築物にまで拡大されている。『遺伝子の川』（草思社）は、連綿とつづく遺伝子の自己複製の営みを、地質学的な時間をかけて分岐していく川のメタファーで描いた愛すべき小品だ。

第5章「『目的』の創造」では、一転してわれわれの脳にスポットライトが当てられ、人間がどのようにして世界にたいする認識をもつことができるのかが論じられる。私たちは決して世界を直接的に見ているわけではない。われわれが現実として把握しているものは、精巧な脳の働きによってつくられた一種のヴァーチャル・リアリティーなのだ。このアイデアは、後に科学全般の意義を説いた傑作『虹の解体——いかにして科学は驚異への扉を開いたか』（早川書房）のクライマックスにおいて詳しく展開されることになる。ドーキンスがレクチャーの最後に人間の脳を話題にしたのは、無目的な進化によって生まれた私たちの脳が、おそらく宇宙史上初めて「目的」という観念を生み出したというエポックメーキングな事件に注意を向けたかったからだろう。その知的能力のおかげで、私たちは宇宙についての正確なモデルをつくるという共通の目的をもつことができる。つまり科学的な認識を育むことができるのである。

文明史におけるドーキンス

文明史におけるドーキンスとは、ずいぶん大げさな話だと思われるかもしれない。単なる科学解説者ではないかと言う皮肉屋もいるかもしれない。しかし私はドーキンスの仕事には文字どおり文明史レヴェルの意義があると考えている。

『利己的な遺伝子』一九八九年版のまえがきで、彼は次のように述べている。

私は科学とその「普及」とを明確に分離しないほうがよいと思っている。これまでは専門的な文献の中にしかでてこなかったアイディアを、くわしく解説するのは、むずかしい仕事である。それには洞察にあふれた新しいことばのひねりとか、啓示に富んだたとえを必要とする。もし、ことばやたとえの新奇さを十分に追求するならば、ついには新しい見方に到達するだろう。そして、新しい見方というものは、私が今さっき論じたように、それ自体として科学に対する独創的な貢献となりうる。アインシュタインはけっしてつまらない普及家ではなかった。そして、私は、彼の生き生きとしたたとえは、あとの人々を助けたという以上のものであったのではないかと、しばしば思ったことがある。それらは彼の創造的な天才を燃えたたせもしたのではなかろうか?

（『利己的な遺伝子〈増補新装版〉』日高敏隆、岸由二、羽田節子、垂水雄二訳、紀伊國屋書店、xviii-xix）

ドーキンスはアインシュタインの名前を挙げているが、これはまさしく彼自身が成し遂げつつある達成でもあるのではないだろうか。贔屓目にすぎるかもしれないが、ドーキンスの仕事は社会へのインパクトという点で、コペルニクスやニュートン、そしてダーウィンといった科学史上の巨人たちのそれに匹敵するものだと私は思う。

デビュー作『利己的な遺伝子』が、その「新しい見方」——生物とは遺伝子が自らの複製のために利用する乗り物にすぎない——によって世間を騒がせたのは、一九七六年のことだった。当時は毀誉褒貶にさらされたこの主張も、いまでは専門家にかぎらず多くの人びとが受け入れる常識のひとつにまでなっている。これは生命観におけるコペルニクス的転回というべき大事件であり、今後さらに数十年をかけて徐々に私たちの世界観と人生観に後戻り不能の変化を及ぼしていくにちがいない。

デビューから四〇年が経ち、老境に入ったドーキンスだが、「新しい見方」の導入と普及にたいする熱意はとどまるところを知らない。近年は宗教への批判と無神論の擁護にますます力を注いでいる。そのマニフェストというべき『神は妄想である——宗教との決別』(早川書房)は、全世界で数百万部を売るベストセラーとなった。執筆活動だけでなく、自由思想と無神論を公言する「アウト・キャンペーン」といった社会運動なども精力的に展開している。日本でなら後期高齢者と呼ばれる年齢であるにもかかわらず、いつまでも若々しいその姿には驚かされるばかりだ。

いったい何がドーキンスを衝き動かしているのだろうか。ドーキンスは私たちに何を伝えたいのだろうか。その答えは、二〇一四年に刊行された自伝『好奇心の赴くままに ドーキンス自伝I——私が科学者になるまで』(早川書房)の原題があますところなく語っているように思う。*An Appetite for Wonder*——ドーキンスを衝き動かすのは、渇望のレヴェルにまで高められた好奇心である。そして彼が私たちに伝えるのは、好奇心を決してあきらめるなというメッセージだ。

好奇心やワンダーという言葉は、耳に心地よいだけの子供だましのスローガンのようにも聞こえるかもしれない。しかし、好奇心の追求がじつのところそんな生易しいものでないことは、ドーキンスの仕事そのものが示しているとおりである。それは子供だましであるどころか、子供を泣かせてしまうこともある。ドーキンスは、『利己的な遺伝子』を読んだ女生徒が人生とは空疎なものだと絶望して教師の前で泣き出してしまったというエピソードを『虹の解体』の序文で紹介している。また、それはときに大人を激怒させるものでもある。敬虔な信仰者にとって、あらゆる宗教を仮借なく批判するドーキンスは極悪人以外の何者でもないだろう。

ドーキンスが身をもって示すとおり、知的好奇心の追求は旧来の価値観との対決へといたらずにはいられない。ときとしてそれは探求者を既存の善悪を超えた場所へともたらすことすらあるだろう。本書でドーキンスは、そんな危険で魅惑的な旅へとわれわれを誘っているのである。

二〇一六年一二月

本書は、二〇一四年一二月に早川書房より単行本として刊行された作品を文庫化したものです。

編・訳者略歴　サイエンスライター，マサチューセッツ工科大学卒業（脳および認知科学），ハーバード大学大学院修士課程修了（脳科学），元 NHK ディレクター　教育番組，NHK 特集などを担当　コンピュータ・グラフィックスの研究開発にも携わる　著書に『知の逆転』，『人類の未来』，『嘘と孤独とテクノロジー』など

HM=Hayakawa Mystery
SF=Science Fiction
JA=Japanese Author
NV=Novel
NF=Nonfiction
FT=Fantasy

進《しん》化《か》とは何《なに》か
ドーキンス博士の特別講義

〈NF482〉

二〇一六年十二月二十五日　発行
二〇二四年　十　月二十五日　四刷
（定価はカバーに表示してあります）

著者　リチャード・ドーキンス
編・訳者　吉《よし》成《なり》真《ま》由《ゆ》美《み》
発行者　早川　浩
発行所　株式会社　早川書房
郵便番号　一〇一 - 〇〇四六
東京都千代田区神田多町二ノ二
電話　〇三 - 三二五二 - 三一一一
振替　〇〇一六〇 - 三 - 四七七九九
https://www.hayakawa-online.co.jp

乱丁・落丁本は小社制作部宛お送り下さい。
送料小社負担にてお取りかえいたします。

印刷・三松堂株式会社　製本・株式会社明光社
Printed and bound in Japan
ISBN978-4-15-050482-3 C0145

本書は活字が大きく読みやすい〈トールサイズ〉です。